关东升◎编著

SQL
从小白到大牛

清华大学出版社
北京

内 容 简 介

本书是一本讲述SQL与数据库设计的立体教程（含纸质图书、教学课件、源代码、视频教程与答疑服务）。全书共分为4篇：第1篇为SQL知识基础（第1章～第9章），介绍了SQL表管理、视图管理、修改数据、查询数据、汇总查询结果、子查询和表连接；第2篇为MySQL数据库管理系统（第10章～第13章），介绍了MySQL数据库管理系统安装和日常管理、MySQL中特有的SQL语句和MySQL数据库开发；第3篇为Oracle数据库管理系统（第14章～第16章），介绍了Oracle数据库管理系统安装和日常管理、Oracle数据库中特有的SQL语句和Oracle数据库开发；第4篇为从数据库设计到项目实战（第17章和第18章），重点介绍数据库设计，以及"PetStore宠物商店"项目的数据库设计过程。

为便于读者高效学习，快速掌握SQL编程与实践，本书提供了完整的教学课件、源代码、丰富的配套视频教程以及在线答疑服务等内容。本书适合作为普通高等学校数据库相关课程的教材，也可以作为广大程序员的参考用书。

图书在版编目（CIP）数据

SQL从小白到大牛 / 关东升编著. —北京：清华大学出版社，2023.2
ISBN 978-7-302-62653-4

Ⅰ. ①S… Ⅱ. ①关… Ⅲ. ①关系数据库系统—教材 Ⅳ. ①TP311.132.3

中国国家版本馆CIP数据核字（2023）第023696号

责任编辑：盛东亮　吴彤云
封面设计：李召霞
责任校对：李建庄
责任印制：沈　露

出版发行：清华大学出版社
　　　　网　　　　址：http://www.tup.com.cn, http://www.wqbook.com
　　　　地　　　　址：北京清华大学学研大厦A座　　　　邮　　编：100084
　　　　社　总　机：010-83470000　　　　邮　　购：010-62786544
　　　　投稿与读者服务：010-62776969，c-service@tup.tsinghua.edu.cn
　　　　质　量　反　馈：010-62772015，zhiliang@tup.tsinghua.edu.cn
　　　　课　件　下　载：http://www.tup.com.cn, 010-83470236
印　装　者：三河市铭诚印务有限公司
经　　销：全国新华书店
开　　本：203mm×260mm　　　印　张：17.25　字　数：493千字
版　　次：2023年3月第1版　　　印　次：2023年3月第1次印刷
印　　数：1～1500
定　　价：79.00元

产品编号：097175-01

前 言
PREFACE

SQL 对于软件开发人员、系统设计人员、数据库管理员等是非常重要的，对于从事数据处理和数据分析的人士以及数据相关工作从业人员同样重要。应广大读者要求，我们与清华大学出版社再次合作编写本书。本书是"从小白到大牛"系列图书之一。

立体化图书

本书继续采用立体化图书概念，包含书籍、配套课件、源代码、讲解视频和答疑服务等内容。

视频讲解

本书读者对象

本书是一本 SQL 入门及进阶读物。无论读者是计算机相关专业的大学生，还是从事软件开发工作的职场人，或是从事数据分析、数据处理工作的相关人员，或是数据库设计人员，这本书都适合阅读。如果想更深入了解 MySQL 数据库和 Oracle 数据库管理知识以及数据库设计相关知识，还需要选择其他更专业的图书。

使用书中源代码

书中提供 100 多个完整示例，以及一个完整的案例项目数据库设计过程模型文件，读者可以到清华大学出版社本书页面下载。

下载本书源代码并解压，目录结构如图 0-1 所示。chapter2 ~ chapter18 文件夹中是本书第 2 ~ 18 章示例源代码。打开 chapter5→5.3 文件夹，如图 0-2 所示，其中 5.3.sql 是该节相关的 SQL 源代码文件，SCOTT.db 是示例所用的数据库文件。

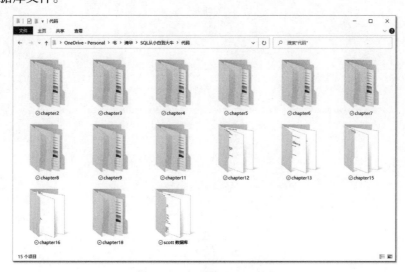

图 0-1　示例源代码目录结构

图 0-2　示例源代码文件

致谢

在此感谢清华大学出版社的盛东亮编辑提供的宝贵意见。感谢智捷课堂团队的赵志荣、赵大羽、关锦华、闫婷娇、关童心和赵浩丞参与部分内容写作。感谢赵大羽手绘了书中全部草图，并从专业的角度修改书中图片，力求更加真实完美地奉献给广大读者。感谢我的家人容忍我的忙碌，以及对我的关心和照顾，使我能抽出时间投入全部精力专心编写本书。

由于 SQL 语言更新迭代很快，作者水平有限，书中难免存在疏漏之处，请读者提出宝贵修改意见，以便再版改进。

关东升

2023 年 1 月

目 录
CONTENTS

第 1 篇　SQL 知识基础

第 2 篇 MySQL 数据库管理系统

第 3 篇　Oracle 数据库管理系统

第 4 篇 从数据库设计到项目实战

第 1 篇　SQL 知识基础

本篇包括 9 章内容，介绍结构化查询语言（Structured Query Language，SQL）的一些基础知识。主要内容包括表管理、视图管理、修改数据、查询数据、汇总查询结果、子查询和表连接。通过本篇的学习，读者可以全面了解标准 SQL。

第 1 章　开篇综述
第 2 章　学习环境搭建
第 3 章　表管理
第 4 章　视图管理
第 5 章　修改数据
第 6 章　查询数据
第 7 章　汇总查询结果
第 8 章　子查询
第 9 章　表连接

开 篇 综 述

SQL 是结构化查询语言（Structured Query Language），它提供了一套用来输入、更改和查看关系数据库内容的命令。

1.1 数据管理的发展过程

视频讲解

在介绍 SQL 之前，先介绍关系数据库。然而，在介绍关系数据库之前，还要先说明数据管理的发展过程，这样读者才能了解 SQL 的由来，以及使用它的意义。

数据管理的发展过程经历了 3 个阶段。

（1）人工管理阶段。在计算机出现之前，数据是通过人工方式管理的。存储数据的介质一般是纸张，数据管理人员需要把这些写有数据的纸张妥善保管起来，便于日后查找使用。

（2）文件系统阶段。有了计算机后，可以通过计算机管理数据。在计算机管理数据的初期，由于受到存储技术的限制，数据存储的介质有磁盘、磁鼓、磁带，以及后来的光盘和闪存等，数据以文件形式存储在这些介质中。

（3）数据库系统阶段。与人工管理数据相比，文件系统管理数据大大提高了数据管理效率。但是，从数以万计的数据中找到所需要的数据是非常困难的，即便能找到，效率也是非常低的，故采用数据库管理系统（Database Management System，DBMS）管理数据具有以下优点。

- 数据由数据库管理系统统一管理和控制。
- 采用统一数据模型。
- 通过并发访问控制机制，数据冗余度小。
- 支持 SQL，提高数据查询速度。
- 提供缓存机制，提高数据写入速度。
- 提供数据备份机制，能有效地防止数据丢失和损坏。

1.2 数据逻辑模型

视频讲解

如果有很多本书，人们通常会考虑把它们分门别类地放到书柜中。同理，数据库也需要通过某种方式将数据组织起来，这就是数据**逻辑模型**。事实上，除了逻辑模型外，还有**概念模型**和**物理模型**，它们的概念将在第 17 章详细介绍。

过去 40 多年出现过 4 种数据逻辑模型：网状模型、层次模型、关系模型、对象模型。

其中，层次模型和网状模型都是早期数据逻辑模型，统称为**非关系模型**。这两种模型现在已经没有数据库支持了，这里不再赘述。关系模型用二维表格结构描述数据。对象模型采用面向对象理论抽象数据。虽然对象模型理论很先进，但是由于关系模型发展得早，而且比较成熟，得到了主流数据库系统的支持，能够使用 SQL 访问，因此，本书的重点仍然是关系模型数据库。

1.3 关系模型的核心概念

英国科学家埃德加·弗兰克·科德在 1976 年 6 月发表了《关于大型共享数据库数据的关系模型》论文，首先概述了关系数据模型及其原理，并把它用于数据库系统中。

关系模型的数据结构是一个**二维表**组成的集合，每个二维表又称为**关系**，因此可以说关系模型是**关系**组成的集合。假设要设计一个校园管理系统的数据库。校园管理系统中会有很多**实体**（系统中的"人""事"和"物"），如学生、课程和学生成绩等就是实体。这些实体所构成的集合也就是**表**，也称为**关系**。表 1-1 所示为校园管理系统中的一个学生表（关系）；表 1-2 所示为校园管理系统中的课程表（关系）；表 1-3 所示为校园管理系统中的学生成绩表（关系）。

表 1-1 学生表

学　号	姓　名	身份证号码
9904047	张烽	51*****************
9904048	朱强	51*****************
9904049	丁建辉	31*****************
9904050	陈丹	11*****************

表 1-2 课程表

课 程 编 号	课 程 名	任 课 教 师	学　时	学　分
A06017	数据结构	管老师	51	5
A06021	操作系统	李老师	64	6

表 1-3 学生成绩表

学　号	课 程 编 号	成　绩
9904047	A06017	92
9904047	A06021	89
9904048	A06017	84
9904049	A06017	87
9904049	A06021	90
9904050	A06021	88

1.3.1 记录和字段

视频讲解

关系模型中的表是由若干**行**和列构成的。行称为**元组**，通常也称为**记录**；而列是记录中的数据项，通常也称为**字段**（Fields）。

视频讲解

1.3.2　键

关系模型表结构中还有**键**（Key）的概念，也称为**码**。键又分为超键、候选键、主键、外键。

1. 超键

超键（Super Key，SK）也称为**超码**，能够唯一标识一行数据（记录）的字段或字段集。例如，表 1-1 所示的学生表中有 3 个字段，它们的组合有以下 6 种。

（1）（学号）；

（2）（学号，姓名）；

（3）（学号，身份证号码）；

（4）（姓名）；

（5）（姓名，身份证号码）；

（6）（身份证号码）。

由于超键要求能够唯一标识一行数据，且姓名字段是可以重复的，所以以下 5 种字段组合可以作为超键。

（1）（学号）；

（2）（学号，姓名）；

（3）（学号，身份证号码）；

（4）（姓名，身份证号码）；

（5）（身份证号码）。

这 5 种组合中任何一种都可以标识一行数据，因此它们中的每种都可以称为超键。

2. 候选键

候选键（Candidate Key）也称为**候选码**。候选键也属于超键，且是包含最少字段的超键，所以候选键是不含有多余字段的超键，若去掉超键组合中任意字段，就不再是超键了。所以，在学生表的 5 种超键中，有以下两种属于候选键。

（1）（学号）；

（2）（身份证号码）。

3. 主键

主键（Primary Key，PK）也称为**主码**。主键是从一组候选键中选择出来的，选择哪组候选键作为主键是由数据库设计人员决定的。在学生表中，推荐选择学号作为主键。

💡**提示** 主键和候选键的区别：一个表中只能有一个主键，而候选键可以包含多个；主键不能为空值（NULL），而候选键可以包含空值，如学生表的学号或身份证号码都可以作为候选键，但如果选择学号作为主键后，就不能选择身份证号码作为主键了。

◎**注意** 主键和候选键有时可以是由多个字段组合而来的，如表 1-3 所示的学生成绩表，它的主键（学号，课程编号）是由两个字段组合而来的。

4. 外键

一个关系数据库可能包含多个表，可以通过**外键**（Foreign Key，FK）关联起来，外键也称为**外码**。例如，在校园管理系统中成绩表有两个外键：

（1）学号，详细信息存储在学生表中，它是学生表中的主键；

（2）课程编号，详细信息存储在课程表中，它是课程表中的主键。

视频讲解

1.3.3 约束条件

设计数据库表时，可以对表中的一个或多个字段的组合设置约束条件，检查该字段的输入值是否符合这个约束条件。约束分为表级约束和字段级约束，表级约束是对一个表中几个字段的约束，字段级约束则是对表中一个字段的约束。下面介绍几种常见的约束形式。

1. PRIMARY KEY约束

PRIMARY KEY 即前面提到的主键，用 PRIMARY KEY 约束保证表中每条记录的唯一性。设计一个数据库表时，可以用一个或多个字段的组合作为这个表的主键。用单个字段作为主键时，使用了字段约束；用多个字段的组合作为主键时，则使用了表级约束。

主键的功能是保证某个字段或多个字段组合以后的值是唯一的。如果是将多个字段的组合定义为主键，则包含在该组合中的个别字段的值是允许重复的，但是这些字段组合后的值必须是唯一的。在录入数据的过程中，必须在主键字段中输入数据，即主键字段不接受空值。

💡**提示** 空值意味着用户还没有显式地为该字段输入数据，NULL 既不等于数值型数据中的 0，也不等价于字符型数据中的空串或空格。NULL 不视作大于、小于或等于任何其他值。

2. FOREIGN KEY约束

FOREIGN KEY 即前面提到的外键。外键字段的值必须在所引用的表中存在，所引用的表则称为**父表**。父表通过主键字段或具有唯一性的字段与**子表**（包含外键表）的外键字段建立起一种关联。

外键约束的主要作用是将彼此相关的表关联起来，以保证关联表之间的引用完整性。如果在外键字段中输入了一个非空值，但该值在所引用的表中并不存在，则这条记录也会被拒绝输入，因为这样将破坏关联表之间的引用完整性。

3. UNIQUE约束

如果希望表中的一个字段值不重复，则应当对该字段添加 UNIQUE 约束。与 PRIMARY KEY 约束不同的是，一个表中可以有多个 UNIQUE 约束，而且应用 UNIQUE 约束的单个或多个字段允许接受 NULL，候选键可以设置为 UNIQUE 约束。

4. CHECK约束

CHECK 约束用于检查一个或多个字段的输入值是否满足指定的检查条件。在同一个字段上可以应用多个 CHECK 约束。在表中插入或修改数据时，CHECK 约束便会发生作用，如果插入或修改数据以后，字段中的数据不符合该约束指定的条件，则数据不能写入字段中。例如，学生成绩表中的成绩如果采用百分制，则它取值范围是大于或等于 0 且小于或等于 100，那么就可以在学生成绩表中为成绩字段添加该约束。

5. DEFAULT约束

DEFAULT（默认值）约束用于指定一个字段的默认值，当尚未在该字段中输入数据时，该字段中将自动填入这个默认值。例如，学生表中的成绩字段如果设置默认值为 0，那么在插入数据时，没有为成绩字段输入任何数据，则数据库系统会为该字段提供 0 值。

1.4　关系模型数据库管理系统

视频讲解

数据库管理系统是对数据进行管理的大型软件系统，采用关系模型的数据库系统即关系型数据库管理系统（Relational Database Management System，RDBMS）。由于数据库管理系统缺乏统一的标准，不同厂商的数据库系统有比较大的差别，但一般而言，数据库管理系统均包含 5 个主要功能：数据库定义功能、数据库存储功能、数据库管理功能、数据库维护功能和数据通信功能。

目前主流的数据库有 MySQL、Oracle、Microsoft SQL Server、DB 2、PostgreSQL、Microsoft Access、SQLite 和 Sysbase 等，本书重点介绍 MySQL 和 Oracle，简单介绍 SQLite 数据库。

1.4.1　Oracle

Oracle 是 1983 年推出的世界上第 1 个开放式商品化关系型数据库管理系统。它采用标准的 SQL，支持多种数据类型，提供面向对象存储的数据支持，支持 UNIX、Windows、OS/2、Novell 等多种平台。

1.4.2　SQL Server

2000 年 12 月，微软发布了 SQL Server 2000，该数据库可以运行于 Windows NT/2000/XP 等多种操作系统之上，是支持客户端/服务器结构的数据库管理系统，可以帮助各种规模的企业管理数据。

1.4.3　DB 2

DB 2 是 IBM 公司开发的一套关系型数据库管理系统，它主要的运行环境为 UNIX（包括 IBM 自家的 AIX）、Linux、OS/400、z/OS，以及 Windows 服务器版本。

DB 2 主要应用于大型应用系统，具有较好的可伸缩性，支持从大型机到单用户环境，应用于常见的服务器操作系统平台。

1.4.4　MySQL

MySQL 是一个关系型数据库管理系统，由瑞典 MySQL AB 公司开发，目前属于 Oracle 旗下产品。MySQL 是最流行的关系型数据库管理系统之一，在 Web 应用方面，MySQL 是最好的关系型数据库管理系统软件之一。

1.4.5　SQLite

2000 年，D. 理查德·希普开发并发布了嵌入式系统（如 Android 和 iOS）使用的关系数据库 SQLite，目前的主流版本是 SQLite 3。SQLite 是开源的，它采用 C 语言编写，具有可移植性强、可靠性高、小而易用的特点。SQLite 运行时与使用它的应用程序之间共用相同的进程空间，而不是单独的两个进程。

提示 SQLite 数据库与 Oracle 或 MySQL 等网络数据库有什么区别？SQLite 是为嵌入式设备（如智能手机等）设计的数据库。SQLite 在运行时与使用它的应用程序之间共用相同的进程空间，而 Oracle 或 MySQL 与使用它的应用程序在两个不同的进程中。

视频讲解

1.5 SQL 概述

关系型数据库开发和管理人员通过 SQL 与关系型数据库进行交流，实现对数据库数据处理和定义。

🎯**注意** 完整的 SQL 标准有 600 多页，没有哪个数据库系统完全遵循该标准。本书涵盖了主流关系型数据库所支持 SQL 的具体内容，首先通过 SQLite 数据库介绍标准的常用的 SQL，然后再分别介绍 Oracle 和 MySQL 数据库特有的 SQL。

SQL 主要分为 5 类：数据定义语言（Data Definition Language，DDL）、数据操作语言（Data Manipulation Language，DML）、数据控制语言（Data Control Language，DCL）、事务控制语言（Transaction Control Language，TCL）和数据控制语言（Data Query Language，DQL）。

SQL 分类如图 1-1 所示。

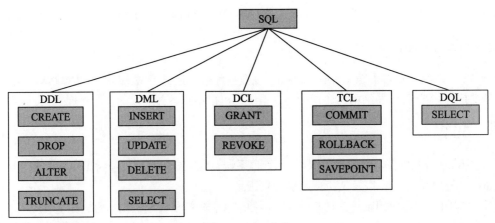

图 1-1 SQL 分类

1. 数据定义语言

数据定义语言（DDL）用于创建或改变数据库结构，还可以将资源分配给数据库。DDL 语句主要包括：

（1）CREATE：创建数据库、视图和表等；

（2）DROP：删除数据库、视图和表等；

（3）ALTER：修改数据库、视图和表等；

（4）TRUNCATE：删除表中所有数据。

2. 数据操作语言

数据操作语言（DML）用于插入、修改和删除数据。DML 语句主要包括：

（1）INSERT：向表中插入数据；

（2）UPDATE：更新表中的现有数据；

（3）DELETE：从数据库表中删除数据；

（4）SELECT：从数据库表中选择数据。

3. 数据控制语言

数据控制语言（DCL）实现对数据库管理和控制，如对用户授权、角色控制等。DCL 语句主要包括：

（1）GRANT：授权；

（2）REVOKE：取消授权。

4. 事务控制语言

事务控制语言（TCL）用于数据库事务控制。TCL 语句主要包括：

（1）COMMIT：提交事务；

（2）ROLLBACK：回滚事务；

（3）SAVEPOINT：设置事务保存点。

5. 数据查询语言

数据查询语言（DQL）用于从数据库中获取数据，它只使用一个 SELECT 语句，实现从数据库中获取数据并对其进行排序。

1.5.1　SQL 标准

尽管 SQL 拥有一些引人注目的特性且易于使用，其最大优点还在于它在数据库厂家之间的广泛适用性。SQL 是与关系型数据库交流的标准语言，虽然在不同厂家之间语言的实现方式存在某些差异，但是通常情况下无论选择何种数据库平台，SQL 都保持相同。国际标准化组织（International Standard Organization，ISO）在国际上评审并验证了 SQL 标准。当前的 SQL 标准是 SQL 5。遗憾的是，没有一种商用数据库完全地符合 SQL 5 标准。

1.5.2　SQL 句法

SQL 具有某些基本的规则以表示它的结构和句法。在讨论怎样编写 SQL 命令之前，有必要先从总体上介绍 SQL 中的一般规则。

1. 大小写

总体上说，SQL 不区分大小写，下面 3 段语句功能都是相同的。

```
select *
from table
```

或

```
SELECT *
FROM TABLE
```

或

```
Select *
FROM table
```

2. 空白

SQL 的另一个特性是它忽略空白（包括空格符、制表符等）。以下两段语句都是一样的。

```
    SELECT * FROM Table
    SELECT *
FROM Table
```

和

```
    SELECT
    *
```

```
FROM
Table
```

以下语句是无效的。

```
SELECT * FROMTable
```

3. 语句结束符

SQL 语句结束是用分号 ";" 表示的。当只有一条 SQL 语句时，多数数据库支持省略分号；但如果有多条 SQL 语句，则不能省略分号。例如，插入多条数据的代码如下。

```
INSERT INTO student(s_id,s_name) VALUES(1, '刘备');
INSERT INTO student(s_id,s_name) VALUES(2, '关羽');
INSERT INTO student(s_id,s_name) VALUES(3, '张飞');
```

如果只插入一条数据，则可以省略分号，代码如下。

```
INSERT INTO student(s_id,s_name) VALUES(1, '刘备')
```

4. 引用字符串

在 SQL 中使用字符串时，它们被包裹在单引号中。例如，如果希望将一个字段值与字符串常量作比较，则应当将字符串包裹在单引号中。以下示例代码实现了 name 字段值与 Rafe 字符串进行比较。

```
SELECT *
FROM People
WHERE name = 'Rafe'
```

以下代码实现 name 字段值与 Rafe 字段值进行比较，这是因为 Rafe 没有包裹在单引号中，则被认为是字段，而不是字符串。

```
SELECT *
FROM People
WHERE name = Rafe
```

如果字段与数字进行比较，则不使用引号。例如，以下语句实现了 salary 字段值与数字 100000 的比较。

```
SELECT *
FROM People
WHERE salary = 100000
```

本章小结

本章首先介绍数据管理的发展过程，然后介绍数据逻辑模型以及关系模型的核心概念，接着介绍数据库管理系统，最后概述 SQL。

第 2 章

学习环境搭建

为了让初学者能给快速上手学习 SQL，演示示例代码，需要安装一个数据库，但是考虑到 MySQL 和 Oracle 等数据库的安装对于初学者过于烦琐，因此本章介绍一个不需要复杂安装的数据库——SQLite；而且使用 SQLite 数据库也不需要用网络环境，单机就可以。

2.1　麻雀虽小，五脏俱全——SQLite 数据库

SQLite 数据库的设计目的是应用于嵌入设备存储数据，SQLite 采用 C 语言编写而成，而且是开源的，具有可移植性强、可靠性高、小而易用等特点。SQLite 提供了对 SQL-92 标准的支持，支持多表、索引、事务、视图和触发器，所以用 SQLite 数据库学习标准 SQL 已经足够了。

视频讲解

2.1.1　下载 SQLite 数据库

下载 SQLite 数据库有很多种办法。如果读者有 C 语言编译环境，可以到 SQLite 官网（www.sqlite.org）下载源代码，如图 2-1 所示，然后自己进行编译。

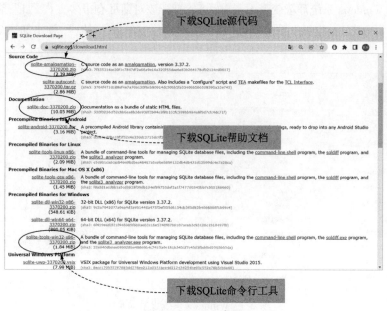

图 2-1　SQLite 官网

并不是所有人都会编译 C 语言源代码,毕竟准备 C 语言编译环境是比较麻烦的,所以 SQLite 官网还提供了预编译好的 SQLite 二进制文件。读者根据自己的平台下载相应的二进制文件即可。例如,Windows 10 系统可以选择下载 sqlite-tools-win32-x86-3370200.zip 文件。

2.1.2　配置 SQLite 命令行工具

sqlite-tools-win32-x86-3370200.zip 文件下载完成后,可以将文件解压,如图 2-2 所示,其中的 sqlite3.exe 文件是命令行工具。

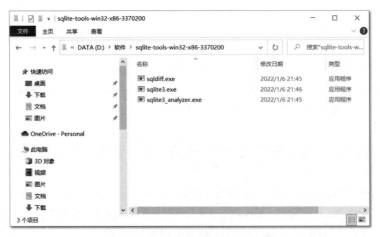

图 2-2　解压文件

为了在任何目录下都能使用 sqlite3.exe 命令行工具,则可以将解压目录配置到 Path 环境变量中,具体配置过程如下。

1. 打开环境变量设置对话框

首先需要打开 Windows 系统环境变量设置对话框。打开该对话框有很多方式,如果是 Windows 10 系统,步骤是在计算机桌面右击"此电脑"图标,在弹出的快捷菜单中单击"属性",弹出如图 2-3 所示的 Windows 系统设置页面。

图 2-3　Windows 系统设置页面

单击"高级系统设置"，弹出如图 2-4 所示的"系统属性"对话框。

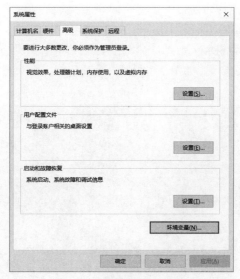

图 2-4　"系统属性"对话框

2. 设置Path变量

在如图 2-4 所示的"高级"选项卡中单击"环境变量"按钮，弹出如图 2-5 所示的"环境变量"对话框，双击 Path 变量，弹出"编辑环境变量"对话框。如图 2-6 所示，将 SQLite 解压路径添加到 Path 变量中。

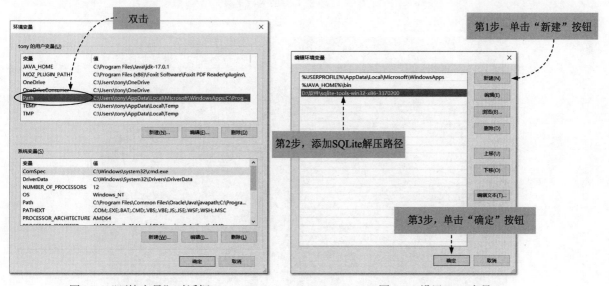

图 2-5　"环境变量"对话框　　　　　　　　　图 2-6　设置 Path 变量

2.2　通过命令行访问 SQLite 数据库

在 2.1.2 节中配置了 SQLite 命令行工具，本节介绍如何使用 SQLite 命令行工具访问 SQLite 数据库。首先打开命令提示符窗口（macOS 和 Linux 系统为终端窗口），然后输入：

视频讲解

```
sqlite3  school.db
```

其中，sqlite3 表示启动 SQLite 数据库命令行工具；school.db 表示要打开的数据库文件，如果指定的 school.db 文件不存在，则会在退出 SQLite 数据库后创建一个 school.db 文件。

输入命令后按 Enter 键，启动 SQLite 数据库命令行工具，如图 2-7 所示。sqlite>是 SQLite 命令提示符，在此可以输入 SQLite 数据库相关指令。如图 2-8 所示，通过 SQLite 命令行工具创建 student 表。

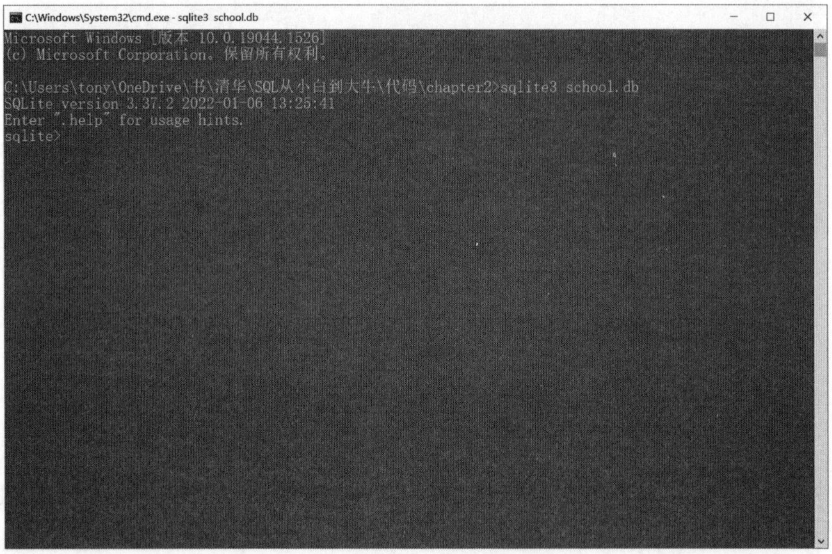

图 2-7　启动 SQLite 命令行工具

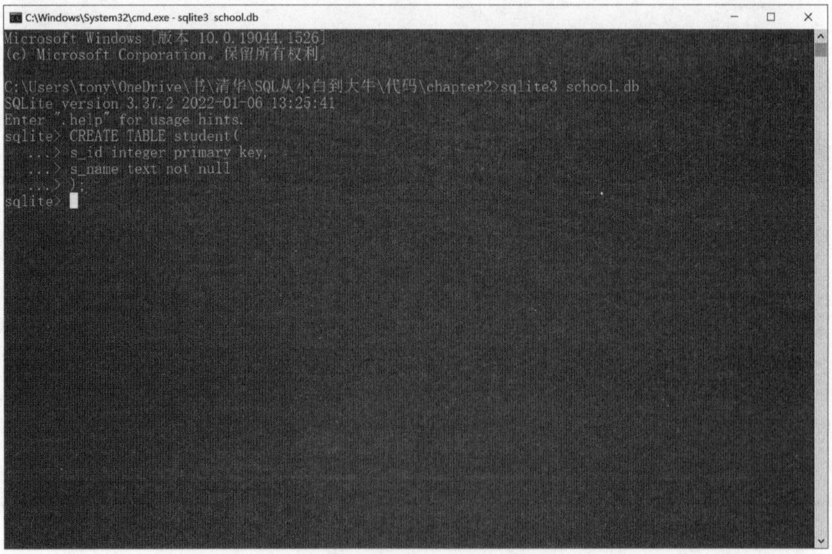

图 2-8　通过 SQLite 命令行工具创建 student 表

SQLite 命令行工具除了可以执行 SQL 相关指令外，还可以执行 SQLite 数据库特有管理指令。

💡提示 SQLite 数据库特有管理指令都是以 "." 开头。如图 2-9 所示，".table" 指令可以查看当前数据库中有哪些表；".quit" 指令可以退出 SQLite 数据库回到操作系统。

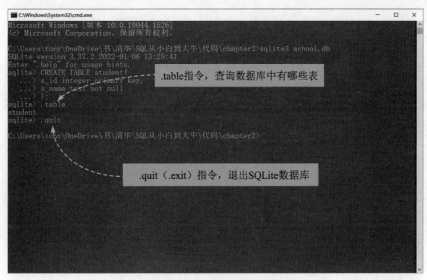

图 2-9　执行 SQLite 数据库特有管理指令

如果第 1 次访问数据库，数据库文件不存在，当退出数据库后会创建数据库文件，如图 2-10 所示。

图 2-10　创建 SQLite 数据库文件

提示 SQLite 数据库文件是二进制文件，它的扩展名是什么并不重要，但一般推荐使用.db、.sqlite 或.db3 等作为扩展名。

2.3　使用 GUI 工具管理 SQLite 数据库

使用命令提示符访问和管理数据库太辛苦了，使用图形用户界面（Graphical User Interface，GUI）工具可以提高工作效率，但 SQLite 官方并没有提供这样的 GUI 工具，读者可以选择第三方 GUI 工具，这些工具有很多，如 Sqliteadmin Administrator、DB Browser for SQLite、SQLiteStudio。

DB Browser for SQLite 简称 DB4S，对中文支持很好，所以这里推荐使用 DB4S 工具访问和管理 SQLite 数据库，本节重点介绍 DB4S 工具的下载、安装和使用。

提示 通常第三方 SQLite GUI 工具本身就集成了 SQLite 数据库，因此，使用第三方 SQLite GUI 工具一般不需要额外安装 SQLite 数据库。

2.3.1 下载和安装 DB4S

可以从如图 2-11 所示的 DB4S 官网下载 DB4S，需要根据自己操作系统选择下载相应的 DB4S 版本。如果读者安装的是 Windows 10 64 位操作系统，可以选择下载的版本如下。

图 2-11　DB4S 官网下载页面

（1）DB Browser for SQLite - Standard installer for 64-bit Windows，Windows 64 位安装版本。

（2）DB Browser for SQLite - .zip (no installer) for 64-bit Windows，Windows 64 位非安装版本。

这里选择的是 DB Browser for SQLite - .zip (no installer) for 64-bit Windows，下载成功获得的压缩文件是 DB.Browser.for.SQLite-3.12.2-win64.zip，解压该文件，如图 2-12 所示，其中 DB Browser for SQLite.exe 是启动文件。

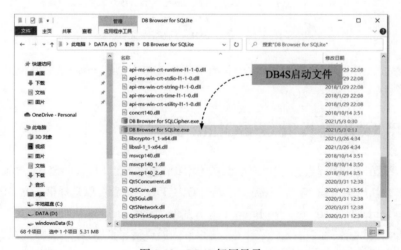

图 2-12　DB4S 解压目录

2.3.2　使用 DB4S

在解压目录下找到 DB Browser for SQLite.exe 文件，双击该文件即可启动 DB Browser for SQLite 工具，如图 2-13 所示。

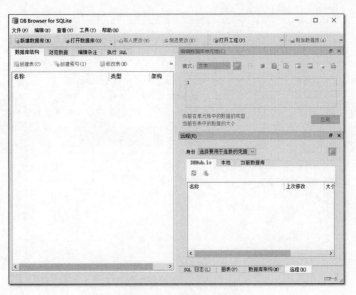

图 2-13　DB4S 工具

如果已经有 SQLite 数据库文件，可以通过单击"打开数据库"按钮打开。如果读者想新建一个 SQLite 文件，可以通过单击"新建数据库"按钮创建。下面通过实例介绍如何使用 DB4S 工具。

1.　创建数据库

启动 DB4S 工具，单击"新建数据库"按钮，弹出如图 2-14 所示的"选择一个文件名保存"对话框。选择保存文件目录，并输入文件名后以及文件类型，单击"保存"按钮，就可以创建数据库了。

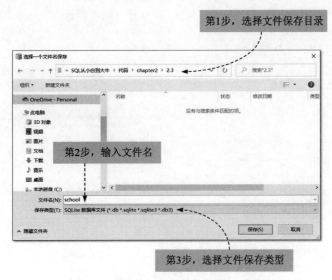

图 2-14　"选择一个文件名保存"对话框

2. 创建表

创建数据库的同时会弹出如图 2-15 所示的"编辑表定义"对话框。

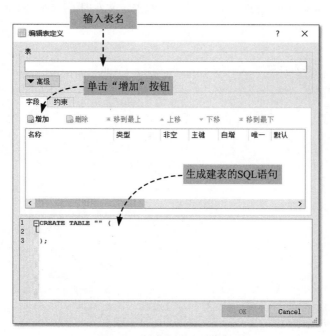

图 2-15　编辑表定义对话框

使用 DB4S 工具创建 2.2 节的 student 表，具体步骤如下。

1）增加 s_id 字段

首先，在"编辑表定义"对话框中输入表名 student，然后增加 s_id 字段，如图 2-16 所示。

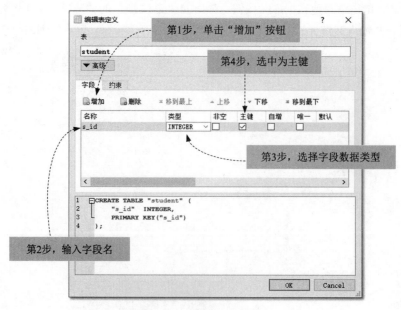

图 2-16　增加 s_id 字段

2）增加 s_name 字段

增加新的字段时，可以单击"增加"按钮，增加过程参考增加 s_id 字段。增加 s_name 字段，结果如图 2-17 所示。

图 2-17 增加 s_name 字段

所有字段增加完成，确定无误后，单击 OK 按钮确定创建 student 表并关闭对话框。如图 2-18 所示，在"数据库结构"标签下，表列表中可见刚创建的表。

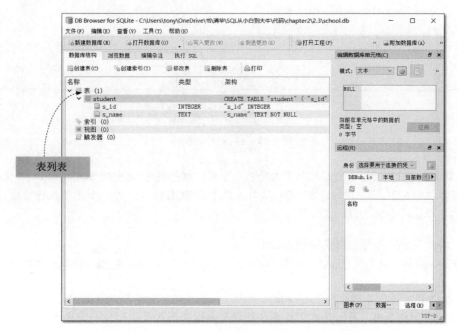

图 2-18 创建表成功

3. 插入数据

表创建成功后，可以向表中插入数据。插入数据的方式有两种。

1）通过在 DB4S 中执行 SQL 的 INSERT 语句插入数据

如图 2-19 所示，单击"执行 SQL"标签，输入 SQL 语句，然后单击"执行所有/选中的 SQL"按钮▶。可以在下方窗口查看执行结果。有关 INSERT 语句的具体使用，将在 5.1 节详细介绍，本节不再赘述。

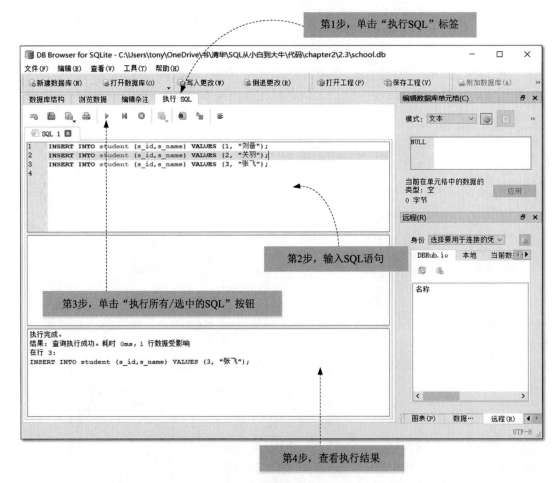

图 2-19　执行 SQL 语句

💡**提示** DB4S 提供的执行 SQL 语句的按钮有两个：一个是"执行所有/选中的 SQL"按钮▶，顾名思义，单击它可以执行 SQL 窗口中的所有 SQL 语句或选中的 SQL 语句；另一个是"执行当前行"按钮▶|，单击它可以执行当前光标所在行的 SQL 语句。

2）通过 DB4S 提供的浏览数据功能插入数据

除了可以通过执行 SQL 语句插入数据外，还可以通过如图 2-20 所示的浏览数据功能插入数据。

◎**注意** DB4S 提供的浏览数据功能除了可以插入数据外，还可以删除和修改数据，这些操作都会更改数据，更改数据后还要单击"写入更改"标签才能将变更结果写入数据库中，如果想放弃更改，单击"倒退更改"标签即可。

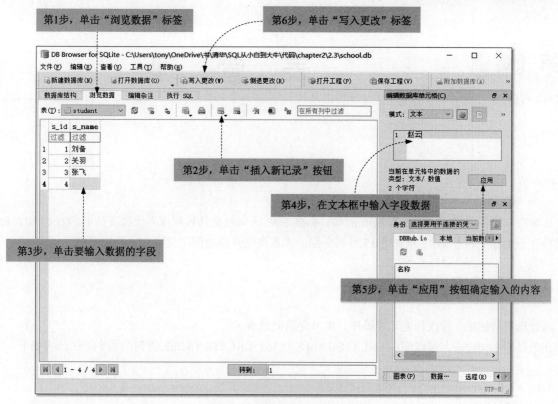

图 2-20　浏览数据功能插入数据

本章小结

本章首先介绍 SQLite 数据库，包括 SQLite 的下载和配置，以及通过命令行访问 SQLite 数据库，然后介绍使用 GUI 工具管理 SQLite 数据库。

表　管　理

从本章开始将介绍一些标准的 SQL 语句。标准 SQL 语句就是各数据库系统都支持的 SQL 语句，而数据库特有 SQL 语句将在第 12 章和第 15 章再介绍。本章首先介绍数据定义语言中的表管理。

视频讲解

3.1　创建表

表管理包括创建、修改和删除表操作，本节介绍创建表。

在数据库中创建表，可以使用 CREATE TABLE 语句。CREATE TABLE 语句的基本语法结构如下。

```
CREATE TABLE table_name (
table_field1 datatype[(size)],
table_field2 datatype[(size)],
    ...
)
```

其中，table_name 是表名；table_field1 和 table_field2 等是表中字段。表名和字段名是开发人员自定义的命名，但一般不推荐中文命名，如果有多个英文单词，推荐使用下画线分隔，如 s_id 和 s_name。

语法结构中 datatype 是字段的数据类型；size 指定数据类型所占用的内存空间。注意语法结构中括号"[]"中的内容可以省略，因此[(size)]表示 size 是可以省略的。如果要定义多个字段，则字段之间要用逗号"，"分隔，但是最后一个字段之后要省略逗号。

下面通过示例熟悉 CREATE TABLE 语句的使用，创建学生表，结构如表 3-1 所示。

表 3-1　学生表结构

字　段　名	数据类型	长　度	备　注
s_id	INTEGER		学号
s_name	VARCHAR(20)	20	姓名
gender	CHAR(1)	1	性别，F表示女，M表示男
PIN	CHAR(18)	18	身份证号码

创建学生表的示例代码如下。

```
-- 代码文件：chapter3/3.1/school_db.sql                    ①
-- 创建学生表的语句                                          ②
CREATE TABLE student(
```

```
    s_id INTEGER,              -- 学号                          ③
    s_name  VARCHAR(20),       -- 姓名                          ④
    gender   CHAR(1),          -- 性别,F 表示女,M 表示男          ⑤
    PIN      CHAR(18)          -- 身份证号码                      ⑥
)
```

代码①和②为注释，在 SQL 中使用两个短横线"--"注释代码。注意"--"与注释内容之间会保留一个空格。由于创建表是属于 DDL 语句，因此该建表的 SQL 文件命名为 school_db.ddl 或 school_db.sql。它是一个文本文件，可以通过任何文本编辑工具进行编辑。这种文件通常可以通过数据库管理工具执行，因此也称为脚本文件。

代码③定义 s_id 字段，其中 INTEGER 指定字段为整数类型。

代码④定义 s_name 字段，VARCHAR(20)表示可变长度，且最大长度为 20B 的字符串类型。

代码⑤定义 gender 字段，CHAR(1)表示固定长度为 1B 的字符串类型，其取值为'F'或'M'。

代码⑥定义 PIN 字段，目前身份证号码为 18 位字符串，因此该字段数据类型设置为 CHAR(18)，表示固定长度为 18B 的字符串类型。

3.2　字段数据类型

视频讲解

在创建表时，要求为每个字段指定具体的数据类型。关系数据类型共分为 4 种：字符串数据、数字数据、日期时间数据和大型对象。

3.2.1　字符串数据

多数数据库都提供以下两种字符串类型。

（1）固定长度（CHAR），字段总是占据等量的内存空间，不管实际上在它们存储的数据量有多少。

（2）可变长度（VARCHAR），可变长度的字符串只占据它们的内容所消耗的内存量。

例如，CHAR(2)表示固定两个字节长度的字符串，当只输入一个字节时，对于不足字符数据库会用空格补位，能够使之始终保持两个字节，这就是所谓的固定长度的字符串；VARCHAR(2)表示可变两个字节长度的字符串，当输入的字符串不足两个字节时，数据库不会补位。

💡**提示**　如果不能确定字符串长度，可以使用 TEXT 类型。它可以存储大量的文字数据。

3.2.2　数字数据

多数数据库都提供至少两种数字数据类型：整数（INTEGER）、浮点数（FLOAT 或 REAL）。

整数和浮点数可以统一用 numeric[(p[,s])]类型表示。其中，numeric 表示十进制数字类型；p 为精度，即整数位数与小数位数之和；s 为小数位数。此外，还有一些数据库提供更加独特的数字类型。

3.2.3　日期时间数据

多数关系型数据库支持的另一种独特的数据类型是日期时间数据，即日期和时间。数据库处理时间数据的方式有很多种，日期的存储和显示方法都可以变化，有些数据库还支持更多类型的时间数据。本质上，关系型数据库所支持的 3 种日期时间数据类型为日期、时间、日期+时间组合。

3.2.4 大型对象

大多数数据库为字段提供大型对象类型，大型对象主要分为以下两种数据类型。

（1）大文本（CLOB），保存大量的文本数据。有的数据库中大文本可以容纳高达 4GB 的数据，有的数据库提供使用 TEXT 作为大文本数据类型。

（2）大二进制（BLOB），保存大量的二进制数据，如图片、视频等二进制文件数据。

> ◎ **注意** SQLite 支持动态数据类型，在定义表字段时可以不用明确指定数据类型，在输入字段数据时，可以根据输入的数据动态确定字段的数据类型，这类似于 Python 和 JavaScript 等动态类型语言。

3.3 指定键

键是数据库的一种约束行为，它对于防止数据重复、保证数据的完整性是非常重要的，在定义表时可以指定键，这些键包括候选键（CK）、主键（PK）和外键（FK）。

视频讲解

3.3.1 指定候选键

指定表的候选键使用 UNIQUE 关键字实现，语法有两种。

1. 在定义字段时指定

示例代码如下。

```
-- 代码文件：chapter3/3.3.1/school_db.sql
-- 指定候选键
-- 创建学生表语句
CREATE TABLE student(
    s_id INTEGER,              -- 学号
    s_name  VARCHAR(20),       -- 姓名
    gender  CHAR(1),           -- 性别 'F'表示女 'M'表示男
    PIN     CHAR(18) UNIQUE    -- 身份证号码                    ①
)
```

代码①定义 PIN 字段，可见在定义 PIN 字段后面使用 UNIQUE 关键字，这样就将 PIN 字段指定为候选键了。

2. 在CREATE TABLE语句结尾处添加UNIQUE子句指定

示例代码如下。

```
-- 代码文件：chapter3/3.3.1/school_db.ddl
-- 指定候选键
-- 创建学生表语句
CREATE TABLE student(
    s_id     INTEGER,       -- 学号
    s_name   VARCHAR(20),   -- 姓名
    gender   CHAR(1),       -- 性别 'F'表示女 'M'表示男
    PIN      CHAR(18),      -- 身份证号码
    UNIQUE   (PIN)          -- 定义身份证号码为候选键            ①
)
```

代码①在 CREATE TABLE 语句结尾处添加 UNIQUE 子句（单独一行），注意它与其他字段定义语句用逗号分隔。

学生表创建完成后，可以使用 DB4S 测试候选键，如图 3-1 所示。由于试图在候选键 PIN 字段插入重复数据 51**************3，则会引发违反候选键约束错误，如图 3-2 所示。

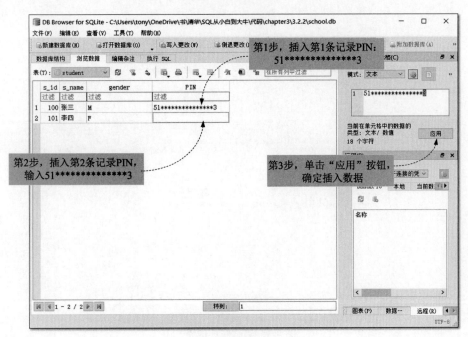

图 3-1　测试候选键（1）

候选键可以是一个字段或多个字段的组合，上述示例介绍的是一个字段作为候选键的情况，下面再介绍多字段组合作为候选键的示例，该示例是创建一个学生成绩表（student_score）。学生成绩表的相关信息如表 3-2 所示。

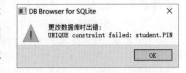

图 3-2　违反候选键约束

表 3-2　学生成绩表（1）

字 段 名	数据类型	长　度	是否候选键	备　注
s_id	INTEGER		是	学号
c_id	INTEGER		是	课程编号
score	INTEGER		否	成绩

创建学生成绩表的示例代码如下。

```
--  代码文件：chapter3/3.3.1/school_db.sql
--  指定多字段候选键
--  创建学生成绩表语句
CREATE TABLE student(
    s_id    INTEGER,      -- 学号
    c_id    INTEGER,      -- 课程编号
    score   INTEGER,      -- 成绩
```

```
    UNIQUE(s_id,c_id)      -- 定义多字段组合候选键                                    ①
)
```

代码①指定 s_id 和 c_id 字段为组合候选键。

学生成绩表创建完成之后，可以测试候选键，如图 3-3 所示，试图插入重复数据会引发错误提示。

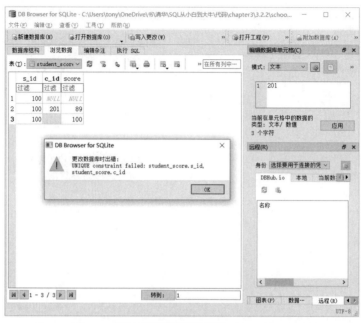

图 3-3　测试候选键（2）

💡**提示** 如果数据库中已经存在某个表，再创建该表时则会引发 table student already exists（表已经存在）错误，如图 3-4 所示。对于这种情况，建议在创建表之前先删除表。删除表可以使用 DROP 语句实现，有关 DROP 语句的使用将在 3.6 节详细介绍。如果使用 DB4S 工具删除表，具体方法如图 3-5 所示。

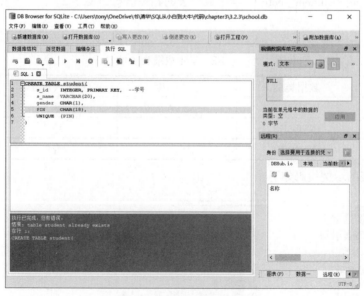

图 3-4　表已经存在错误

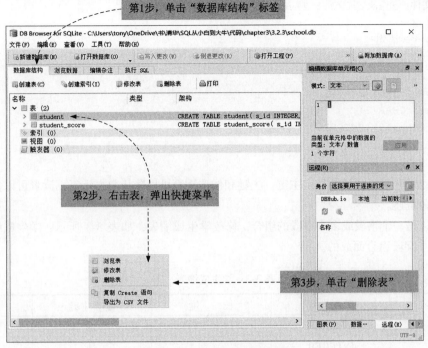

图 3-5 使用 DB4S 工具删除表

3.3.2 指定主键

视频讲解

可以使用 PRIMARY KEY 关键字指定主键，它可以与 UNIQUE 关键字一起使用在 CREATE TABLE 语句中。指定主键的方法也有两种。

1. 定义字段时指定

示例代码如下。

```
-- 代码文件: chapter3/3.3.2/school_db.sql
-- 指定主键
-- 创建学生表语句
CREATE TABLE student(
    s_id INTEGER PRIMARY KEY, -- 学号                                       ①
    s_name  VARCHAR(20),

    s_name  VARCHAR(20),
    gender  CHAR(1),
    PIN     UNIQUE CHAR(18)) UNIQUE
    -- UNIQUE  (PIN)
)
```

代码①定义 s_id 字段，可见在定义 s_id 字段后面使用 PRIMARY KEY 关键字，这样就将 s_id 字段指定为主键了。

2. 在CREATE TABLE语句结尾处添加PRIMARY KEY子句指定

示例代码如下。

```
--   代码文件: chapter3/3.3.2/school_db.sql
--   指定主键
--   创建学生表语句
CREATE TABLE student (
    s_id    INTEGER,  -- 学号
    s_name  VARCHAR(20),
    gender  CHAR(1),
    PIN  CHAR(18) UNIQUE,                    ①
    PRIMARY KEY(s_id)                        ②
)
```

代码①指定候选键，代码②指定主键。主键和候选键都可以防止数据重复，读者可以参考候选键测试一下，这里不再赘述。

主键也可以是一个字段或多个字段的组合，修改学生成绩表，如表 3-3 所示，学生成绩表的主键是由 s_id 和 c_id 两个字段组合而成的。

表 3-3　学生成绩表（2）

字　段　名	数据类型	长　度	是否主键	备　注
s_id	INTEGER		是	学号
c_id	INTEGER		是	课程编号
score	INTEGER		否	成绩

创建学生成绩表代码如下。

```
--   代码文件: chapter3/3.3.2/school_db.sql
--   指定主键
--   创建学生成绩表语句
CREATE TABLE student_score(
    s_id    INTEGER,          -- 学号
    c_id    INTEGER,          -- 课程编号
    score   INTEGER,          -- 成绩
    PRIMARY KEY(s_id,c_id)    -- 定义多字段组合主键        ①
)
```

代码①指定 s_id 和 c_id 字段为主键。

3.3.3　指定外键

指定外键使用 REFERENCES 关键字实现，将表 3-3 所示的学生成绩表中的学号字段（s_id）引用到表 3-1 所示的学生表中的学号字段（s_id）。学生成绩表称为子表，学生表称为父表。

视频讲解

💡提示 这种表之间的外键关联关系，通过文字描述不够形象，在数据库设计中这种关系可以通过 E-R（实体–关系）图描述。如图 3-6 所示，学生成绩表有两个外键（学号、课程编号），学生成绩表通过学号关联到学生表。另外，学生成绩表通过课程编号关联到课程表，有关 E-R 图将在第 17 章介绍。

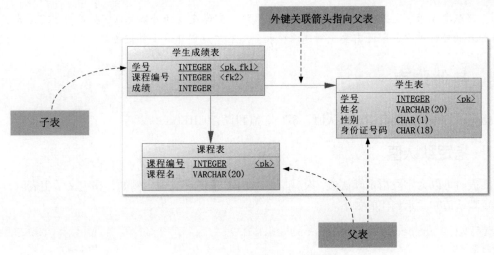

图 3-6　校园管理系统 E-R 图

指定外键的方法也有两种。

1. 在定义字段时通过REFERENCES关键字指定

示例代码如下。

```sql
-- 代码文件：chapter3/3.3.3/school_db.sql
-- 指定外键
-- 创建学生成绩表语句
CREATE TABLE student_score(
    s_id    INTEGER REFERENCES student(s_id),    -- 学号          ①
    c_id    INTEGER,                             -- 课程编号
    score   INTEGER,                             -- 成绩
    PRIMARY KEY(s_id,c_id)
)
```

代码①定义 s_id 字段，可见在定义 s_id 字段时，后面使用 REFERENCES 关键字指定外键关联的父表以及字段，这里的 s_id 字段就是外键。

2. 在CREATE TABLE语句结尾处添加FOREIGN KEY子句指定

示例代码如下。

```sql
-- 代码文件：chapter3/3.3.3/school_db.sql
-- 指定外键
-- 创建学生成绩表语句

CREATE TABLE student_score(
    s_id    INTEGER,                 -- 学号
    c_id    INTEGER,                 -- 课程编号
    score   INTEGER,                 -- 成绩
    PRIMARY KEY(s_id,c_id),
    FOREIGN KEY(s_id) REFERENCES student(s_id)      ①
)
```

代码①是 FOREIGN KEY 子句，FOREIGN KEY 关键字后面(s_id)是指定表外键。

🎯**注意** 为了降低复杂度，上述代码只是实现了学生成绩表到学生表的外键关联，如果想实现学生成绩表学到课程表的外键关联，则还需要先创建课程表，然后才能创建这个外键关联，但是本例中并没有实现。

3.4 其他约束

除了指定键约束外，还有指定默认值、禁止空值和设置 CHECK 约束等。

3.4.1 指定默认值

视频讲解

在定义表时可以为字段指定默认值，使用 DEFAULT 关键字实现。例如，在定义学生表时，可以为性别字段设置默认值'F'。示例代码如下。

```
-- 代码文件：chapter3/3.4.1/school_db.sql
-- 创建学生表
-- 指定默认值
CREATE TABLE student(
    s_id INTEGER,                          -- 学号
    s_name  VARCHAR(20),                   -- 姓名
    gender  CHAR(1) UNIQUE  DEFAULT 'F' ,  -- 性别,'F'表示女,'M'表示男,默认值为'F'①
    PIN     CHAR(18) UNIQUE                 -- 身份证号码
)
```

代码①是为性别（gender）字段设置默认值'F'，'F'表示是女性。当没有给性别字段提供数据时，数据库系统会为其提供默认值'F'。如图 3-7 所示，插入数据时，系统会为性别（gender）字段提供默认值'F'。

图 3-7　指定默认值

3.4.2　禁止空值

有时输入空值会引起严重的程序错误，在定义字段时，可以使用 NOT NULL 关键字设置字段禁止输入空值。

示例代码如下。

```
-- 代码文件: chapter3/3.4.2/school_db.sql
-- 创建学生表
-- 禁止空值
CREATE TABLE student(
    s_id INTEGER,                       -- 学号
    s_name  VARCHAR(20) NOT NULL,       -- 姓名                              ①
    gender  CHAR(1) UNIQUE  DEFAULT 'F' ,  -- 性别,'F'表示女,'M'表示男,默认值'F'
    PIN     CHAR(18) UNIQUE             -- 身份证号码
)
```

代码①是为姓名（s_name）字段设置禁止空值。插入数据时，如果没有为姓名（s_name）字段提供数据，则会引发错误。

为了测试禁止空值，如图 3-8 所示，通过 INSERT 语句插入数据，注意该语句只提供了学号字段的数据，其他字段没有提供，所以在执行 INSERT 语句时，会引发 "NOT NULL constraint failed: student.s_name" 错误。

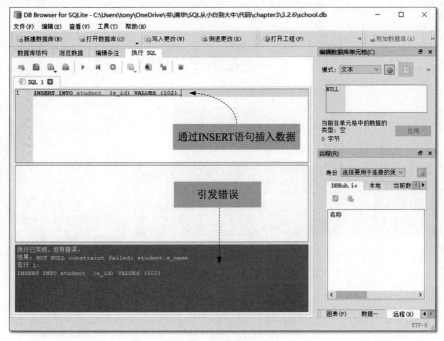

图 3-8　测试禁止空值

3.4.3　CHECK 约束

CHECK 关键字用来限制字段所能接收的数据。例如，在学生成绩表中可以限制成绩（score）字段的值

为 0 ~ 100。示例代码如下。

```
-- 代码文件：chapter3/3.4.3/school_db.sql
-- 指定外键
-- 创建学生成绩表语句
CREATE TABLE student_score(
    s_id    INTEGER REFERENCES student(s_id),              -- 学号
    c_id    INTEGER,                                        -- 课程编号
    score   INTEGER  CHECK(score >= 0 AND  score <= 100),  -- 成绩          ①
    PRIMARY KEY(s_id,c_id)
)
```

代码①定义 score 字段时设置对该字段的限制，CHECK 关键字后面的表达式"(score >= 0 AND score <=100)"是限制条件，其中>=和<=为条件运算符，AND 为逻辑运算符，表示"逻辑与"，类似的还有 OR 表示"逻辑或"、NOT 表示"逻辑非"，有关条件运算符和逻辑运算符将在第 6 章详细介绍。

学生成绩表创建完成后，可以测试 CHECK 约束，如图 3-9 所示。通过 INSERT 语句插入数据时，试图为 score 字段输入–20，则会引发"CHECK constraint failed: score >= 0 AND score <= 100"错误。

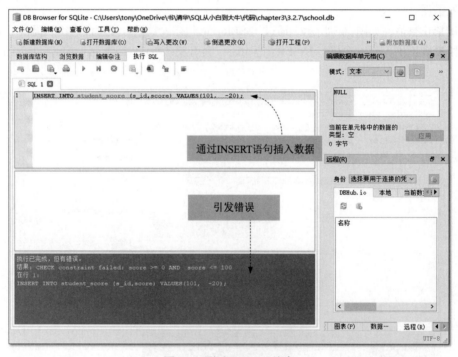

图 3-9　测试 CHECK 约束

视频讲解

3.5　修改表

有时表建立后，由于某种原因需要修改表的结构或字段的定义。使用 ALTER TABLE 语句可以修改表的结构。下面介绍如何通过 ALTER TABLE 语句实现修改表名、修改字段名、添加字段和删除字段等操作。

3.5.1 修改表名

修改表名的 ALTER TABLE 语句基本语法如下。

```
ALTER TABLE table_name
RENAME TO  new_table_name
```

其中，table_name 为要修改的表名；new_table_name 为修改后的表名。

✦*注意* 不同的数据库中 ALTER TABLE 语句有很大的不同，上述 ALTER TABLE 语句语法主要支持 Oracle 和 MySQL 数据库。

示例代码如下。

```
-- 代码文件：chapter3/3.5.1/school_db.sql
-- 修改表名
-- 将表名 student 修改为 stu_table
ALTER TABLE student RENAME TO stu_table;                    ①
```

代码①将 student 表名修改为 stu_table，如图 3-10 所示。

图 3-10 修改表名

3.5.2 添加字段

有时表已经创建好了，甚至已经使用了一段时间，表中已经有了一些数据，这时如果删除表，再重新建表代价很大。此时，可以使用 ALTER TABLE 中的 ADD 语句在现有表中添加字段，语法如下。

```
ALTER TABLE table_name ADD field_name datatype[(size)]
```

其中，table_name 为要修改的表名；field_name 为要添加的字段。

以下代码是在 student 表中添加两个字段。

```
-- 代码文件：chapter3/3.5.2/school_db.sql
-- 现有表添加生日和电话字段
ALTER TABLE student ADD    birthday CHAR(10);                    ①
ALTER TABLE student ADD    phone VARCHAR(20);                    ②
```

代码①在 student 表中添加 birthday 字段，代码②在 student 表中添加 phone 字段。在 DB4S 中执行上述 SQL 语句，结果如图 3-11 所示。

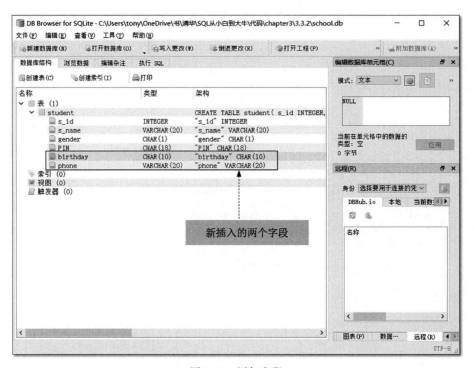

图 3-11　添加字段

3.5.3　删除字段

既然可以在现有表中添加字段，当然也可以删除字段。可以使用 ALTER TABLE 的 DROP COLUMN 语句在现有表中删除字段，语法如下。

```
ALTER TABLE  table_name  DROP COLUMN field_name
```

以下代码是从 student 表中删除 birthday 字段。

```
-- 代码文件：chapter3/3.5.3/school_db.sql
-- 现有表删除生日字段
ALTER TABLE student DROP  COLUMN birthday;                       ①
```

代码①从 student 表中删除 birthday 字段，在 DB4S 中执行上述 SQL 语句，结果如图 3-12 所示。

图 3-12 删除字段

3.6 删除表

通过 DROP TABLE 语句实现删除表，语法如下。

```
DROP TABLE  table_name
```

示例代码如下。

```
--  代码文件：chapter3/3.6/school_db.sql
--  删除学生表
DROP TABLE student;
```
①

代码①将 student 表删除，上述代码执行结果如图 3-13 所示，可见 student 表被删除了。

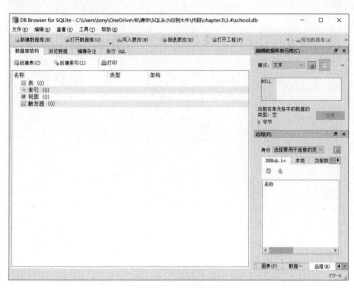

图 3-13 删除表

本章小结

本章重点介绍使用 SQL 创建表，其中包括为字段指定数据类型、指定键以及设置约束等，指定键还可以细分为指定候选键、外键和主键；最后介绍修改表和删除表等操作。

第 3 章介绍了 DDL 中的表管理，本章将介绍视图管理。

4.1 视图概念

视图是从一个或几个其他表或视图导出的虚拟表，视图中的数据仍存放在导出视图的基本表（简称基表）中。视图在概念上与基本表等同，用户可以在视图上再定义视图。如图 4-1 所示，v_t1_t2_t3_视图数据来自 3 个基表，即表 1、表 2 和表 3。

视频讲解

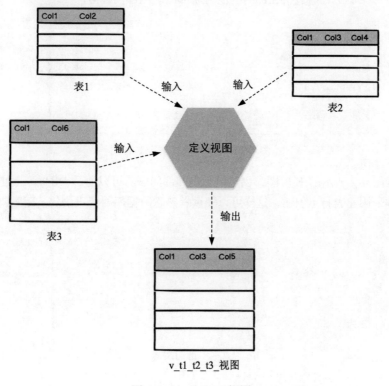

图 4-1　v_t1_t2_t3_视图

使用视图的优势如下。

（1）视图可以表示表中数据的子集，如由于需要经常查询学生表中成绩大于 80 分的学生数据，则可以针对这些数据定义一个视图。

（2）视图可以简化查询操作，如对于经常使用的用多表连接查询，可以定义一个视图。

（3）视图可以充当聚合表，对数据经常会进行聚合操作（如求和、平均值、最大值和最小值等），如果需要经常进行这种操作，则可以定义一个视图。

（4）视图能够对机密数据提供安全保护，如老板不希望一般员工看到别人的工资，这种情况下可以定义一个视图，将工资等敏感字段隐藏起来。

> 💡**提示** 由于视图是不存储数据的虚表，因此对视图的更新（INSERT、DELETE 和 UPDATE）操作最终要转换为对基本表的更新。不同的数据库对于更新视图有不同的规定和限制，因此，使用视图通常只是方便查询数据，而很少更新数据。

4.2 创建视图

视图管理包括创建视图、修改视图和删除视图等操作，本节先介绍创建视图。

4.2.1 案例准备：Oracle 自带示例——SCOTT 用户数据

为了学习创建视图，这里先介绍一下所用到的 Oracle 自带示例的 SCOTT 用户数据。图 4-2 所示为 SCOTT 用户下表 E-R 图，可见员工表通过所在部门字段关联部门表的部门编号。

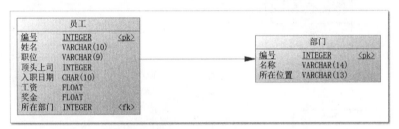

图 4-2　SCOTT 用户下表 E-R 图

读者可以根据图 4-2 所示的 E-R 图，创建员工表和部门表。可以通过 DB4S 工具的图形界面功能创建表，但笔者更推荐采用建表脚本创建，这样可以使读者熟悉数据库的建表语句。建表脚本代码如下。

```sql
-- 删除员工表
drop table if exists EMP;
-- 删除部门表
drop table if exists DEPT;

-- 创建部门表
create table DEPT
(
    DEPTNO          int not null, -- 部门编号
    DNAME           varchar(14),  -- 名称
    loc             varchar(13),  -- 所在位置
    primary key(DEPTNO)
);
```

```
--  创建员工表
create table EMP
(
    EMPNO               int not null,       -- 员工编号
    ENAME               varchar(10),        -- 员工姓名
    JOB                 varchar(9),         -- 职位
    MGR                 int,                -- 员工顶头上司
    HIREDATE             char(10),          -- 入职日期
    SAL                 float,              -- 工资
    comm                float,              -- 奖金
    DEPTNO               int,               -- 所在部门
    primary key(EMPNO),
    foreign key(DEPTNO) references DEPT(DEPTNO)
);
```

上述代码先删除两个表，再创建两个表，可以防止由于数据库中已经存在表而再次创建引发错误。具体代码第 3 章已经介绍过了，这里不再赘述。表创建好了，可以使用 INSERT 语句插入数据，参考代码如下。

```
--  插入部门数据
insert into DEPT (DEPTNO, DNAME, LOC)
values (10, 'ACCOUNTING', 'NEW YORK');
insert into DEPT (DEPTNO, DNAME, LOC)
values (20, 'RESEARCH', 'DALLAS');
insert into DEPT (DEPTNO, DNAME, LOC)
values (30, 'SALES', 'CHICAGO');
insert into DEPT (DEPTNO, DNAME, LOC)
values (40, 'OPERATIONS', 'BOSTON');
commit;


--  插入员工数据
insert into EMP (EMPNO, ENAME, JOB, MGR, HIREDATE, SAL, COMM, DEPTNO)
values (7369, 'SMITH', 'CLERK', 7902, '1980-12-17',  800, null, 20);
...
values (7902, 'FORD', 'ANALYST', 7566, '1981-12-3', 3000, null, 20);
insert into EMP (EMPNO, ENAME, JOB, MGR, HIREDATE, SAL, COMM, DEPTNO)
values (7934, 'MILLER', 'CLERK', 7782, '1981-12-3', 1300, null, 10);
commit;
```

需要注意的是，由于员工数据依赖于部门数据，所以应该先插入部门数据，再插入员工数据。数据插入成功，如图 4-3 所示。

4.2.2　提出问题

假设需要经常列出每个部门的雇员数，可以使用以下语句进行查询。

```
--  代码文件：chapter4/4.2.2/4.2.2.sql
--  列出每个部门的雇员数

SELECT EMPNO, count(*)
```

```
FROM EMP
GROUP BY DEPTNO;
```

上述代码中 GROUP BY 是分组子句，有关 SELECT 以及分组，详细内容将在 7.2.1 节介绍，本节不再赘述。语句执行结果如图 4-4 所示。

图 4-3　数据插入成功

图 4-4　查询每个部门的雇员数

视频讲解

4.2.3 解决问题

使用 4.2.2 节示例代码实现查询每个部门的雇员数,似乎并不复杂,但是如果这个查询经常使用,每次都要编写 SQL 语句也很麻烦。此时,可以为这个查询创建一个视图。创建视图的语法结构如下。

```
CREATE VIEW  view_name AS<查询表达式>
```

在上述语法结构中,**CREATE VIEW** 是创建视图关键字;AS 后面是查询表达式,它是与视图相关的 SELECT 语句。

提示 视图命名类似于表,但为了区分表,笔者推荐视图命名以 **V_** 开头。

为了查询每个部门的雇员数,可以创建一个视图,实现代码如下。

```
-- 代码文件: chapter4/4.2.3/4.2.3.sql
-- 创建 "查询每个部门的雇员数" 视图
CREATE VIEW V_EMP_COUNT                          ①
    AS                                           ②
    SELECT EMPNO, count(*)                       ③
    FROM EMP
    GROUP BY DEPTNO;                             ④
```

代码①中 CREATE VIEW 是创建视图关键字,**V_EMP_COUNT** 是自定义视图名;代码②中 AS 也是创建视图的关键字,它后面跟有查询表达式,见代码③和代码④,这个查询表达式与 4.2.2 节示例查询是一样的。

使用 DB4S 查看创建好的视图,如图 4-5 所示,从数据库结构中可以看到刚刚创建的 V_EMP_COUNT 视图。

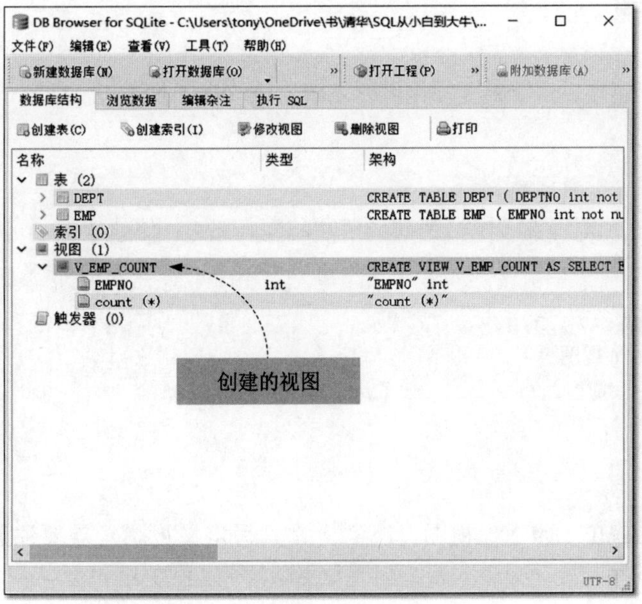

图 4-5 使用 DB4S 查看视图

在查询数据时,视图与表的使用方法一样,使用 V_EMP_COUNT 视图代码如下。

```
--  代码文件：chapter4/4.2.3/4.2.3.sql
--  查询 V_EMP_COUNT 视图
SELECT * FROM V_EMP_COUNT;
```

可见查询视图与查询表没有区别，使用 DB4S 查询视图，如图 4-6 所示。

图 4-6　使用视图查询数据

视频讲解

4.3　修改视图

与表类似，有时视图建立后由于某种原因需要修改。修改视图是通过 ALTER VIEW 语句实现的，它的语法如下。

```
ALTER VIEW  视图名 AS<查询表达式>
```

可见 ALTER VIEW 与 CREATE VIEW 语句的语法相同。那么，修改 4.2.3 节创建的 V_EMP_COUNT 视图，代码如下。

```
--  代码文件：chapter4/4.3/4.3.sql
--  修改 V_EMP_COUNT 视图
ALTER  VIEW V_EMP_COUNT(EMP_ID, NumEmployees)                    ①
    AS SELECT EMPNO, count(*)
    FROM EMP
    GROUP BY DEPTNO;
```

上述代码修改了 V_EMP_COUNT 视图，事实上是重写定义视图。需要注意，代码①的（EMP_ID, NumEmployees）是给出视图字段名列表，这个列表与关联的 SELECT 语句对应。

使用 DB4S 查询视图，如图 4-7 所示。

图 4-7　查询修改后的视图

💡**提示** 有些数据库不支持 ALTER VIEW 语句，如 SQLite 数据库就不支持。这种情况下，开发人员可以通过先删除视图再创建视图的方式实现，有关删除视图操作，会在 4.4 节介绍。

4.4　删除视图

视频讲解

删除视图通过执行 DROP VIEW 语句实现，语法如下。

DROP VIEW 视图名

删除 V_EMP_COUNT 视图的代码如下。

```
-- 代码文件：chapter4/4.4/4.4.sql
-- 删除 V_EMP_COUNT 视图
DROP  VIEW V_EMP_COUNT;
```

上述代码实现了删除 V_EMP_COUNT 视图操作，代码很简单，不再解释。

本章小结

本章重点介绍使用 SQL 创建视图的方法，然后介绍修改视图，最后介绍删除视图。

第 5 章 修 改 数 据

CHAPTER 5

第3章和第4章分别介绍了表和视图定义DDL语句,有了表之后,本章开始将介绍数据处理语言(DML)。DML 又分为插入、更改和删除语句。

5.1 插入数据——INSERT 语句

视频讲解

INSERT 语句是将新数据插入表中的 SQL 语句。INSERT 语句的基本语法结构如下。

```
INSERT INTO  table_name
[(field_list)]
VALUES
(value_list);
```

在上述语法结构中,table_name 是要插入数据的表名; field_list 是要插入的字段列表,它的语法形式为(field1, field2, field3, …); value_list 是要插入的数据列表,它的语法形式为(value1, value2, value3, …)。

⊙**注意** value_list 与 field_list 是一一对应的, value_list 根据 field_list 的个数、顺序和数据类型插入数据。开发人员需要注意它们的对应关系。另外, 可以省略 field_list, 省略时 value_list 按照表中字段原始顺序 (创建表时顺序) 插入数据。

下面通过一个示例介绍如何使用 INSERT 语句, 示例代码如下。

```
-- 代码文件: chapter5/5.1/5.1.sql
-- 插入数据

insert into EMP (EMPNO, ENAME, JOB, SAL, DEPTNO)          ①
values (8888, '关东升', '程序员', 8000, 20);               ②

insert into EMP
values (8889, 'TOM', '销售人员', 7698, '1981-2-20', 1600, 3000, 30);   ③

insert into EMP (EMPNO, ENAME, JOB, SAL, DEPTNO)          ④
values (8899, 'TONY', '销售人员', 30);                     ⑤

insert into EMP (EMPNO, ENAME)                            ⑥
values ('ABC', '张三');                                   ⑦
```

上述代码中，代码①~⑦通过 3 条 SQL 语句向 EMP 表插入数据。其中，代码①和代码②的 SQL 语句插入一条数据，代码③的 SQL 语句中 field_list 省略了，这条 SQL 语句也可以成功插入数据。

代码④和代码⑤的 SQL 语句不能成功插入数据，这是因为要插入的字段有 5 个，但是只提供了 4 个数据。不同数据库的报错是不同的，如果使用 DB4S 工具运行，执行错误如图 5-1 所示。

图 5-1　执行错误

执行代码⑥和代码⑦SQL 语句也是有错误的，虽然插入的数据个数与顺序与 field_list 一致，但是要插入 EMPNO 字段的数据类型是错误的，因为 EMPNO 字段是整数类型，而代码⑦提供的数据却是字符串。如果试图在 MySQL 中执行该语句，则会引发如下错误。

```
Error Code: 1366. Incorrect integer value: 'ABC' for field 'EMPNO' at row 1
```

💡提示　事实上代码⑥和代码⑦的 SQL 语句在 SQLite 数据库中是可以执行成功的，这是因为 SQLite 数据库支持动态数据类型，虽然 EMPNO 字段声明的是整数，但是仍然可以插入其他类型数据。

5.2　更改数据——UPDATE 语句

视频讲解

UPDATE 语句用来对表中现有数据进行更新操作，语法结构如下。

```
UPDATE table_name
SET field1 = value1, field2 = value2, …
[WHERE condition];
```

在上述语法结构中，table_name 是要更新数据的表名；SET 子句后面是要更新的字段和数值对，它们之间用逗号分隔；WHERE 子句是更新的条件，符合该条件的数据会被更新。

◎注意　UPDATE 语句中的 WHERE 子句可以省略，但是一定要谨慎执行这样的 UPDATE 语句，因为它会更新表中所有数据。

下面通过示例介绍如何使用 UPDATE 语句，示例代码如下。

```
-- 代码文件：chapter5/5.2/5.2.sql
-- 更改数据
UPDATE EMP                                              ①
SET ENAME = '李四', JOB = '人力资源', DEPTNO = 30        ②
WHERE EMPNO=8888;                                       ③

UPDATE EMP                                              ④
SET COMM = 0.0                                          ⑤
WHERE COMM IS  NULL;                                    ⑥
```

代码①~③是一条 UPDATE 语句，其中代码②是 SET 子句，可见更新了两个字段，代码③是 WHERE
条件子句。

代码④~⑥是一条 UPDATE 语句，其中代码⑥是 WHERE 条件子句，IS NULL 判断 COMM 字段是否为
空值。语句执行后的结果如图 5-2 所示，可见 COMM 字段中空值数据被更新了。

图 5-2　更新数据执行结果

视频讲解

5.3　删除数据——DELETE 语句

DELETE 语句可以用来将数据从表中删除。DELETE 语句的结构非常简单，语法结构如下。

```
DELETE FROM table_name
[WHERE condition];
```

在上述语法结构中，table_name 是要更新数据的表名，通过使用 WHERE 子句指定删除数据的条件。

◎ **注意** DELETE 语句中的 WHERE 子句与 UPDATE 语句中的 WHERE 子句一样，都可以省略，但是一定要谨慎执行这样的 DELETE 语句，因为它会删除表中所有数据。

下面通过示例介绍如何使用 DELETE 语句，示例代码如下。

```sql
-- 代码文件：chapter5/5.3/5.3.sql
-- 删除数据
-- 删除 EMP 表中工资小于 1000 元的数据
DELETE FROM EMP WHERE SAL<1000;                        ①
-- 删除销售人员数据
DELETE FROM EMP WHERE JOB='SALESMAN';                  ②
```

代码①从 EMP 表中删除工资小于 1000 元的员工数据；代码②从 EMP 表中删除销售人员（SALESMAN）员工数据。

5.4　数据库事务

对数据库的修改过程涉及一个非常重要的概念——**事务**（Transaction），本节介绍数据库事务。

5.4.1　理解事务概念

提起事务，笔者就会想到银行中两个账户之间转账的例子：张三要通过银行转账给李四 1000 元，这同时涉及两个不同账户的读写操作。它的流程如图 5-3 所示。

如图 5-3 所示，银行转账任务有 4 个步骤，这 4 个步骤按照固定的流程顺序完成任务，只有所有步骤全部成功，整个任务才成功，其中只要有一个步骤失败，整个任务就失败了，这个任务就是一个事务。具体在数据库中实现这个任务就是数据库事务了，**数据库事务**是按照一定的顺序执行的 SQL 操作。

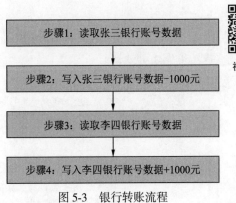

图 5-3　银行转账流程

5.4.2　事务的特性

为了保证数据库的完整性和正确性，数据库系统必须维护事务的以下特性（简称 ACID）。

（1）原子性（Atomicity）：事务中的所有操作要么全部执行，要么都不执行。只有全部步骤成功，才提交事务，只要有一个步骤失败，整个事务回滚。例如，在银行转账的示例中，如果步骤 2 成功，但由于某种原因，在执行步骤 4 时失败了，那么如果没有原子性的保证，则会导致张三扣除了 1000 元，而李四却没有得到这 1000 元。

（2）一致性（Consistency）：执行事务前后数据库是一致的。例如，在银行转账的示例中，无论成功还是失败，事务完成后，张三和李四的总金额不变，既不会增加也不会减少。

（3）隔离性（Isolation）：多个事务并发执行，每个事务都感觉不到系统中有其他的事务在执行，因而也就能保证数据库的一致性。

（4）持久性（Durability）：事务成功执行后，它对数据库的修改是永久的，即使系统出现故障也不受影响。

视频讲解

5.4.3　事务的状态

事务执行过程中有以下几种状态。

（1）事务中止：执行中发生故障、不能执行完成的事务。

（2）事务回滚：将中止事务对数据库撤销修改。

（3）已提交事务：成功执行完成事务后，要提交事务（确定数据修改）。

视频讲解

5.4.4　事务控制

事务控制包括提交事务、回滚事务和设置事务保存点。

◎**注意**　事务控制命令仅与 DML 命令一起使用，如 INSERT、UPDATE 和 DELETE 等语句。而创建、删除表等 DDL 语句不能使用事务控制命令，因为这些操作会自动提交到数据库中。

1．提交事务

COMMIT 命令用于提交事务，COMMIT 命令将自上次 COMMIT 或 ROLLBACK 命令以来的所有事务保存到数据库。COMMIT 命令的语法如下。

```
COMMIT;
```

下面通过示例熟悉 COMMIT 命令。假设要删除 EMP 表中的数据，如图 5-4 所示，删除员工编号为 7369、7499 和 7521 的数据。

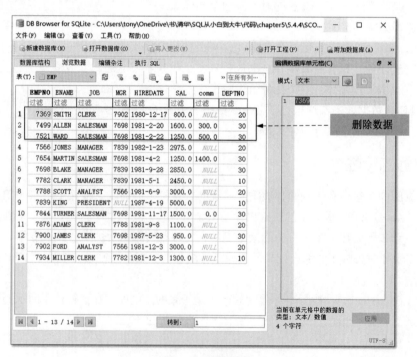

图 5-4　删除数据

提交事务代码如下。

```
-- 代码文件：chapter5/5.4.4/提交事务/5.4.4.sql
-- 提交事务

DELETE FROM EMP WHERE EMPNO=7369;
DELETE FROM EMP WHERE EMPNO=7499;
DELETE FROM EMP WHERE EMPNO=7521;

COMMIT;
```

上述代码执行后，员工编号为 7369 被删除，而 7499 和 7521 的数据没有被删除，如图 5-5 所示。

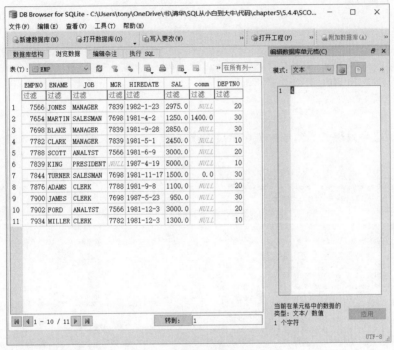

图 5-5　删除后的数据（1）

2. 回滚事务

ROLLBACK 命令用于回滚事务，它用于撤销尚未保存到数据库的事务。ROLLBACK 命令的语法如下。

```
ROLLBACK;
```

使用 ROLLBACK 命令回滚事务，代码如下。

```
-- 代码文件：chapter5/5.4.4/回滚事务/5.4.4.sql
-- 回滚事务

DELETE FROM EMP WHERE EMPNO=7369;
DELETE FROM EMP WHERE EMPNO=7499;
DELETE FROM EMP WHERE EMPNO=7521;

ROLLBACK;
```

上述代码执行后，会发现员工编号为 7369、7499 和 7521 的数据没有被删除。

3. 设置事务保存点

通过 SAVEPOINT 命令设置事务中的一个点，可以将事务回滚到这个点，而不是回滚整个事务。SAVEPOINT 命令的语法如下。

```
SAVEPOINT SAVEPOINT_NAME;
```

其中，SAVEPOINT_NAME 为自定义事务保存点名称。

设置事务保存点，代码如下。

```
-- 代码文件：chapter5/5.4.4/设置事务保存点/5.4.4.sql
-- 设置事务保存点

DELETE FROM EMP WHERE EMPNO=7369;
SAVEPOINT SP1;
DELETE FROM EMP WHERE EMPNO=7499;
DELETE FROM EMP WHERE EMPNO=7521;

ROLLBACK TO SP1;
```

上述代码执行后，会发现员工编号为 7369 的数据没有删除，而员工编号为 7499 和 7521 的数据被删除，如图 5-6 所示。

图 5-6　删除后的数据（2）

本章小结

本章重点介绍使用 SQL 修改数据的方法，其中包括插入数据、更改数据和删除数据；最后介绍数据库事务概念以及控制事务。

第 6 章

查 询 数 据

DQL 是 SQL 中的查询语句,虽然 DQL 只包含 SELECT 语句,但是它是 SQL 中应用最多,也是最复杂的语句之一。由于比较复杂,所以从本章开始到第 9 章都是介绍 DQL,本章先介绍 SELECT 语句。

6.1 SELECT 语句

视频讲解

SELECT 语句用于从表中查询数据,返回的结果称为结果集(Result Set)。简单的 SELECT 语句的基本语法如下。

```
SELECT field1, field2, …
FROM table_name;
```
其中,field1, field2, …为要查询表中字段清单;table_name 指定数据从哪个表中查询而来。

6.1.1 指定查询字段

SELECT 语句中的 field1, field2, …是指定要查询的字段,它们可以改变顺序。下面通过示例熟悉 SELECT 语句的使用,该示例是从部门 DEPT 表中查询所有数据。示例代码如下。

```
-- 代码文件:chapter6/6.1/6.1.1.sql
-- 检索 DEPT 表中所有行
SELECT deptno,dname FROM DEPT;
```
上述代码运行结果如图 6-1 所示,从 DEPT 表中查询出 deptno 和 dname 两个字段,并且由于省略了 WHERE 子句,所以会从 DEPT 表中查询所有行。

💡提示 SQL 语句中关键字、字段名和表名等不区分大小写。

6.1.2 指定字段顺序

如果不满意表中字段的顺序,则可以根据自己的喜好重新指定的字段顺序,示例代码如下。

```
-- 代码文件:chapter6/6.1/6.1.2.sql
-- 指定字段顺序
SELECT dname deptno, FROM DEPT;
```
上述代码运行结果如图 6-2 所示,可以看到先列出 dname 字段,然后列出 deptno 字段。

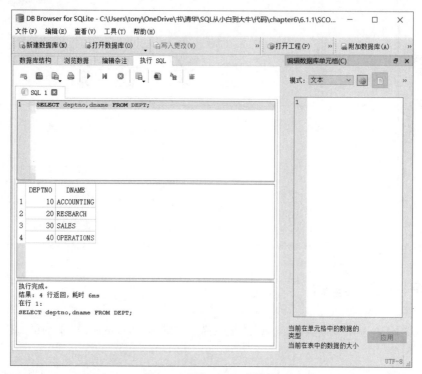

图 6-1　查询 DEPT 表结果

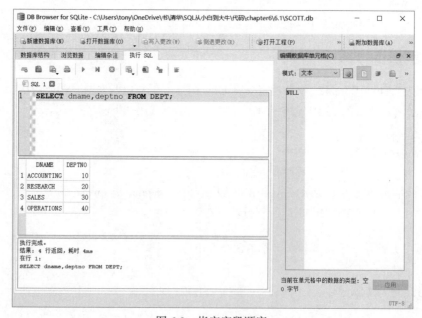

图 6-2　指定字段顺序

6.1.3　选定所有字段

要选定某表中的所有字段，最笨的办法就是将表的所有字段逐一列出来，SELECT 语句提供的简单办法是使用星号"*"替代所有字段，示例代码如下。

```
-- 代码文件：chapter6/6.1/6.1.3.sql
-- 选定所有字段
SELECT * FROM DEPT;                                                        ①
-- SELECT deptno,dname,loc FROM DEPT;                                      ②
```

代码①使用星号替代所有字段，它替代了代码②注释的 SQL 语句。上述代码的执行结果如图 6-3 所示，可以看出列出了 DEPT 表的所有字段。

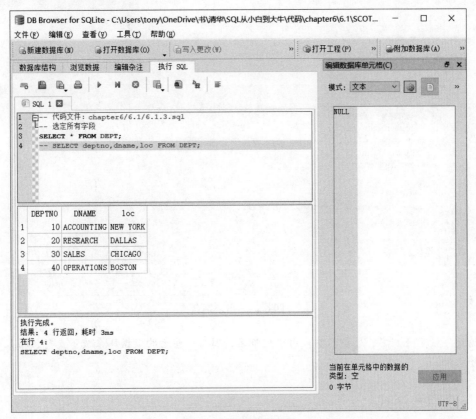

图 6-3　选定所有字段

💡**提示** 使用 SELECT *时按照建表的字段顺序列出所有字段。

6.1.4　为字段指定别名

在字段列表中可以使用 AS 关键字为查询中的字段提供一个别名。指定别名的示例代码如下。

```
-- 代码文件：chapter6/6.1/6.1.4.sql
-- 6.1.4 为字段指定别名
SELECT deptno as "dept no",                                               ①
dname AS 部门名称,                                                         ②
loc as 所在地                                                             ③
FROM DEPT;
```

代码②和代码③为字段指定中文别名。注意，代码①指定的别名中间有空格，这时需要加英文半角双引号（"）把名称包裹起来。

上述代码运行结果如图 6-4 所示。

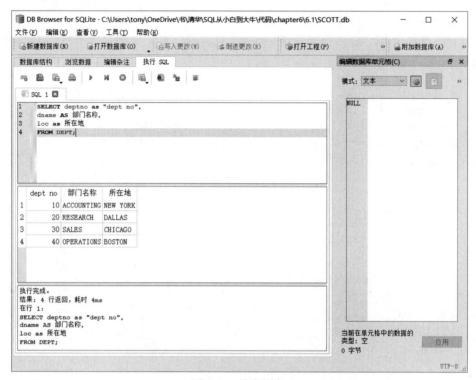

图 6-4　指定别名

◎**注意** 无论是字段名还别名，尽量不要采用中文命名，因为一些老的数据库系统不支持，而且不利于编写
程序代码。

6.1.5　使用表达式

SQL 中还可以包含一些表达式，如在 SELECT 语句的输出字段中包含表达式，并将计算的结果输出到
结果集中。这些表达式可以包含数字、字段和字符串等。使用表达式的示例代码如下。

```
-- 代码文件：chapter6/6.1/6.1.5.sql
-- 使用表达式
SELECT
'Hello World!',                                           ①
2+5,                                                      ②
ename
sal,
sal * 2 as "DOUBLE SALARY"                                ③
FROM EMP;
```

上述代码是从 EMP 表查询数据，代码①~③都使用表达式。其中，代码①使用了字符串表达式；代码
②使用了包含加法运算符的表达式；代码③使用了乘法运算符的表达式，而且还为表达式指定了别名。

上述代码执行结果如图 6-5 所示，可见将表达式进行计算并输出结果。

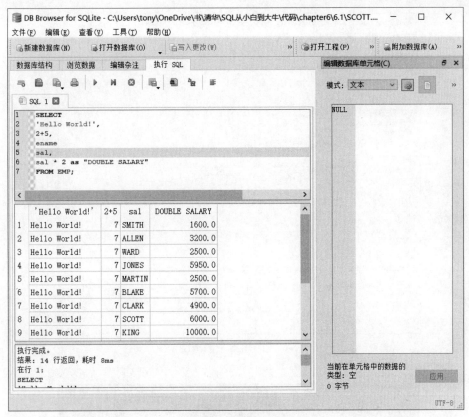

图 6-5 使用表达式

6.1.6 使用算术运算符

在 6.1.5 节的示例中使用表达式，表达式中可以包含算术运算符，SQL 的算术运算符如表 6-1 所示。

表 6-1 算术运算符

运 算 符	含 义
( )	括号
/	除
*	乘
−	减
+	加

在 SQL 中，括号的优先级最高，其次是乘除，再次是加减。乘除具有相同的优先级，加减具有相同的优先级。因此，乘除或加减都可以用在同一表达式中，具有相同优先级的运算符按从左到右的顺序计算。

在 DB4S 中测试运算符，如图 6-6 所示。对于这种表达式运算的测试，可以不依赖任何表，读者也可以使用 SQLite 命令行工具测试运算符，如图 6-7 所示。

图 6-6　在 DB4S 中测试运算符

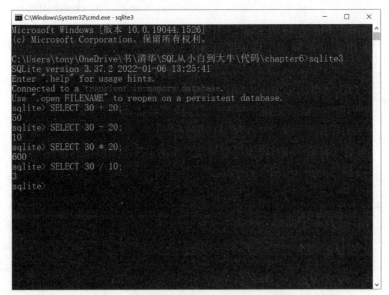

图 6-7　在 SQLite 命令行工具中测试运算符

视频讲解

6.2　排序查询结果——ORDER BY 子句

6.1 节介绍的是最基本的 SELECT 语句，不包含其他子句。下面开始介绍一些 SELECT 语句中的子句。默认情况下，从一个表中查询出的结果是按照它们最初被插入的顺序返回的。但是，有时可能需要将结果进行排序，使用 ORDER BY 子句对查询结果排序。

使用 ORDER BY 子句的 SELECT 语句语法如下。

```
SELECT field1, field2, …
FROM table_name;
ORDER BY field1 [ASC|DESC] , field2 [ASC|DESC], …;
```

在 ORDER BY 子句之后设置排序的字段，在字段之后跟有 ASC 或 DESC 关键字，ASC 表示该字段按照升序进行排序，DESC 表示该字段按照降序排序。默认排序方式为 ASC。

提示 在描述 SQL 语法时中括号 "[…]" 内容可以省略，如[ASC|DESC] 可以省略。竖线 "|" 表示或关系，如 "ASC|DESC" 表示 ASC 或 DESC。

查询结果排序的示例代码如下。

```
-- 代码文件：chapter6/6.1/6.2.1.sql
-- 查询结果排序
SELECT  * FROM EMP
ORDER BY  sal ASC, comm desc, ENAME;
```

上述代码从 EMP 表查询数据，并对结果进行排序。使用了 3 个字段进行排序，如图 6-8 所示，说明如下。

（1）第 1 排序 sal ASC，指定按照 sal 字段升序进行排序。

（2）第 2 排序 comm desc，指定按照 comm 字段降序进行排序。

（3）第 3 排序 ENAME，指定按照 ENAME 字段升序进行排序。

上述代码执行结果如图 6-9 所示。首先按照 sal 字段进行升序排序，如果有相等的数据（如 1250.0），再按照 comm 字段进行降序排序，如果还有相等数据，再按照 ENAME 字段进行升序排序。

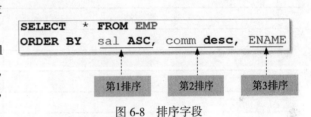

图 6-8　排序字段

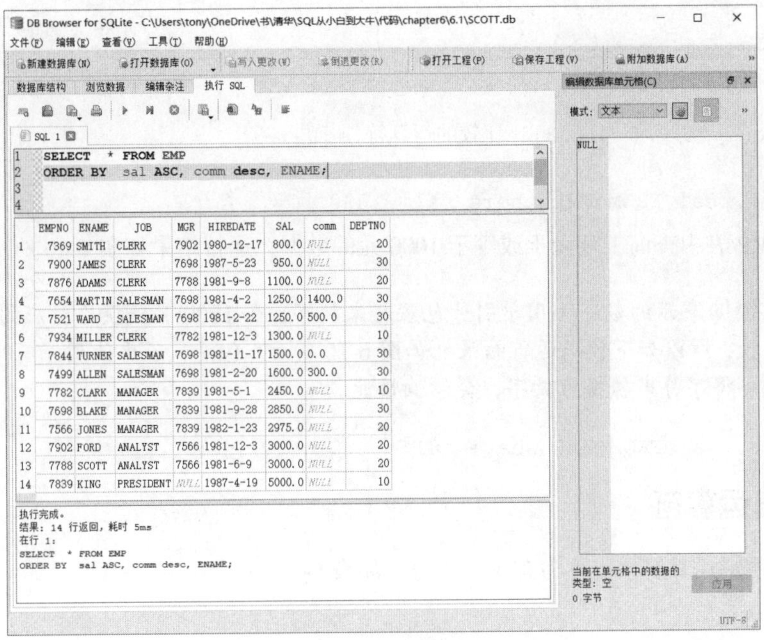

图 6-9　排序结果

6.3 筛选查询结果——WHERE 子句

WHERE 子句允许对查询结果进行筛选。如果希望从数据表中查询出所有行，则不需要使用 WHERE 子句，带有 WHERE 子句的 SELECT 语句语法如下。

```
SELECT field1, field2, …
FROM table_name
WHERE condition;
```

🎯**注意** WHERE 子句不仅可以与 SELECT 语句一起使用，还可以与 UPDATE 和 DELETE 语句一起使用，用来决定更新和删除哪些数据。

6.3.1 比较运算符

WHERE 子句中经常用到比较运算符（也称为关系运算符），SQL 支持的比较运算符如表 6-2 所示。

表6-2　比较运算符

运　算　符	含　　义
=	相等
<>	不相等
>	大于
<	小于
>=	大于或等于
<=	小于或等于

使用比较运算符示例代码如下。

```
-- 代码文件: chapter6/6.3/6.3.1 比较的运算符.sql
-- 比较的运算符
SELECT ename, sal FROM EMP where sal>=1000
```

上述代码从 EMP 表中查询工资大于或等于 1000 元的数据，运行结果如图 6-10 所示。

🎯**注意** SQL 会将字符串表示的数字（用单引号包裹起来数字，如'1000'）转换为对应的数字，即 1000，然后再进行比较，所以如下代码运行结果也如图 6-10 所示。但是，不要使用字符串表示的数字，因为数据库首先要将字符串转换为数字，会影响性能。

```
SELECT ename, sal FROM EMP where sal>='1000'
```

6.3.2 逻辑运算符

SQL 提供 3 个逻辑运算符，也称为布尔运算符，如表 6-3 所示。

视频讲解

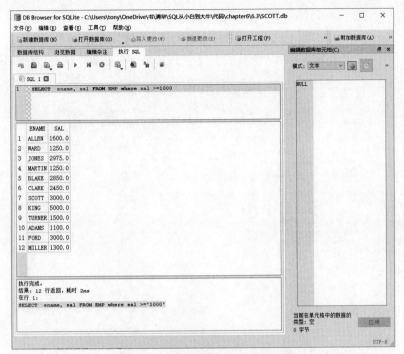

图 6-10 比较运算符示例运行结果

表 6-3 逻辑（布尔）运算符

运 算 符	含 义	描 述
AND	逻辑与	如果AND运算符左右两侧的表达式都判定为真，则整个表达式为真，反之为假
OR	逻辑或	如果OR运算符左侧或右侧的表达式为真，则整个表达式为真，反之为假
NOT	逻辑非	对某表达式的结果值进行取反

下面通过几个示例介绍逻辑运算符的使用。

1. 逻辑与

逻辑与运算符示例代码如下。

```
-- 代码文件：chapter6/6.3/6.3.2逻辑与.sql
-- 逻辑运算符
SELECT empno, ename, sal, job
FROM emp
WHERE job = 'SALESMAN' AND sal < 3000;
```

上述代码从 EMP 表查询职位为销售人员且工资小于 3000 元的数据。注意，字符串要包裹在单引号中。代码运行结果如图 6-11 所示。

2. 逻辑或

逻辑或运算符示例代码如下。

```
-- 代码文件：chapter6/6.3/6.3.2逻辑或.sql
-- 逻辑运算符
SELECT empno, ename, sal, job
```

```
FROM emp
WHERE job = 'SALESMAN' OR sal < 3000;
```

上述代码从 EMP 表中查询职位为销售人员或工资小于 3000 元的数据，代码运行结果如图 6-12 所示。

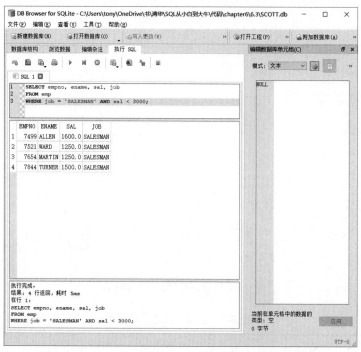

图 6-11　逻辑与运算符示例运行结果

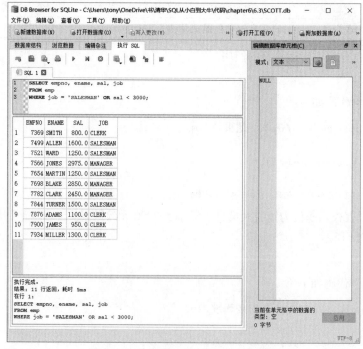

图 6-12　逻辑或运算符示例运行结果

3. 逻辑非

逻辑非运算符示例代码如下。

```
-- 代码文件: chapter6/6.3/6.3.2逻辑非.sql
-- 逻辑运算符
SELECT empno, ename, sal, job
FROM emp
WHERE NOT job = 'SALESMAN' AND sal < 3000;
```

上述代码从 EMP 表中查询职位为非销售人员且工资小于 3000 元的数据，运行结果如图 6-13 所示。

图 6-13　逻辑非运算符示例运行结果

6.3.3　IN 运算符

SQL 中还有另外一些运算符可以用来简化查询，如 IN 运算符可以替代多个 OR 运算符，它可以用来检测字段值是否等于某组值中的一个。例如，如果想找到职位是销售人员（SALESMAN）、职员（CLERK）或管理人员（MANAGER）的员工数据，通常会使用 OR 运算符，代码如下。

视频讲解

```
-- 代码文件: chapter6/6.3/6.3.3 IN运算符.sql
-- IN 运算符
-- 使用 OR
SELECT empno, ename, sal, job
FROM emp
WHERE  job = 'CLERK' OR job = 'MANAGER' OR job ='SALESMAN';
```

上述代码的 WHERE 子句中使用了 OR 运算符，将希望查询的几种职位条件连接起来，本例中只有 3

种职位，如果有更多职位，都使用 OR 运算符连接，那么这样的 SQL 语句就会显得非常臃肿。这种情况可以使用 IN 运算符，代码如下。

```sql
-- 代码文件：chapter6/6.3/6.3.3 IN运算符.sql
-- IN 运算符
SELECT empno, ename, sal, job
FROM emp
WHERE  job IN ('CLERK','MANAGER','SALESMAN');
```

可以看出，使用 IN 运算符使代码变得简洁，运行结果如图 6-14 所示。

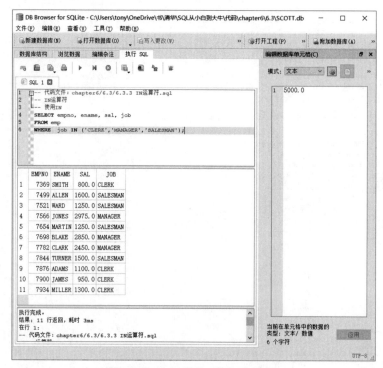

图 6-14　IN 运算符示例运行结果

6.3.4　BETWEEN 运算符

视频讲解

BETWEEN 运算符可以用来检测一个值是否在一个范围内，并且包括范围的上下限。与 BETWEEN 相反的是 NOT BETWEEN。它们的语法如下。

```sql
SELECT select_list
FROM table_name
WHERE field [NOT] BETWEEN lower_value AND upper_value
```

其中，lower_value 为下限值；upper_value 为上限值。

BETWEEN 运算符示例代码如下。

```sql
-- 代码文件：chapter6/6.3/6.3.4 BETWEEN运算符.sql
-- BETWEEN 运算符
```

```
SELECT empno, ename, sal, job
FROM emp
WHERE  sal BETWEEN 1500 AND 3000 ORDER BY sal;
```

上述代码实现了从员工表中查询工资为 1500~3000 元的数据，运行结果如图 6-15 所示，可见结果中包含了上限值 3000 和下限值 1500。

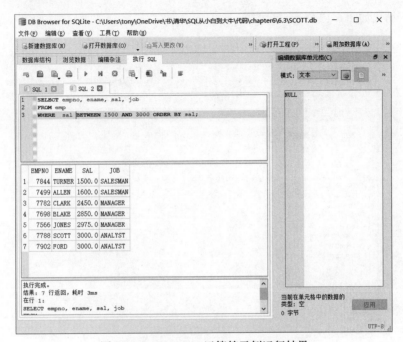

图 6-15　BETWEEN 运算符示例运行结果

将代码修改为使用 NOT BETWEEN 运算符。

```
SELECT empno, ename, sal, job
FROM emp
WHERE  sal NOT BETWEEN 1500 AND 3000 ORDER BY sal;
```

上述代码运行结果如图 6-16 所示。

6.3.5　LIKE 运算符

如果想查询名字为 M 开头的员工，那么如何实现呢？这时可以使用 LIKE 运算符，LIKE 运算符可以用来匹配字符串的各部分。NOT LIKE 是 LIKE 的相反运算。它们的语法如下。

视频讲解

```
SELECT select_list
FROM table_name
WHERE field [NOT] LIKE 'pattern'
```

其中，pattern 为匹配模式表达式，可以包含两种通配符：

（1）百分号 (%) 代表 0 个、1 个或多个任意字符；

（2）下画线 (_) 代表任意单个字符。

查找名字为 M 开头的员工的代码如下。

-- 代码文件：chapter6/6.3/6.3.5 使用LIKE运算符.sql
-- 使用LIKE运算符
-- M开头名字

```sql
SELECT empno, ename, sal, job
FROM emp
WHERE  ename LIKE 'M%';
```

上述代码运行结果如图6-17所示。

图 6-16　NOT BETWEEN 运算符示例运行结果

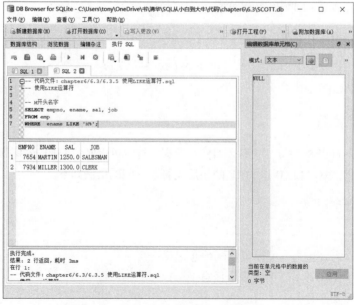

图 6-17　LIKE 运算符示例运行结果（1）

通配符可以放在任何位置，如查询名字为 ER 结尾的员工，代码如下。

```
-- 代码文件：chapter6/6.3/6.3.5 使用 LIKE 运算符.sql
-- 使用 LIKE 运算符
-- ER 结尾名字
SELECT empno, ename, sal, job
FROM emp
WHERE  ename LIKE '%ER';
```

上述代码运行结果如图 6-18 所示。

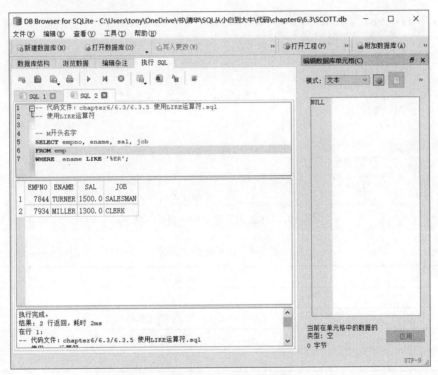

图 6-18 LIKE 运算符示例运行结果（2）

下面再看一个示例，如果想查询名字以 J 开头，以 ES 结尾，中间有两个任意字符的员工，代码如下。

```
-- 代码文件：chapter6/6.3/6.3.5 使用 LIKE 运算符.sql
-- 使用 LIKE 运算符
SELECT *FROM emp
WHERE  ename LIKE 'J__ES';
```

在 LIKE 运算符的匹配模式中使用两个下画线（__），表示匹配两个任意字符，代码运行结果如图 6-19 所示。

6.3.6　运算符先后顺序

在 WHERE 子句中运算符是有先后顺序的。如表 6-4 所示，从上到下各类运算符的优先级从高到低。

视频讲解

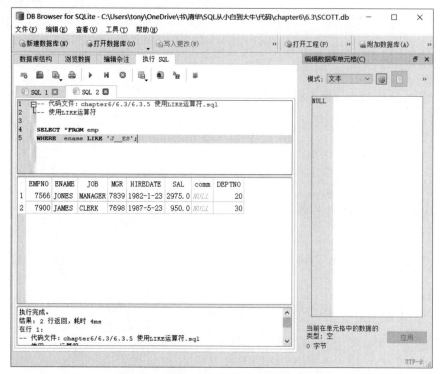

图 6-19 LIKE 运算符示例运行结果（3）

表 6-4 运算符先后顺序

顺　　序	运　算　符
1	括号
2	算术运算符
3	比较运算符
4	逻辑运算符

可以看到，括号运算符优先级最高，其次是算术运算符，再次是比较运算符，最后是逻辑运算符。运行以下示例代码。

```
-- 代码文件：chapter6/6.3/6.3.6 运算符先后顺序.sql
-- 运算符先后顺序
SELECT empno, ename, sal, job
FROM emp
WHERE NOT (job = 'SALESMAN' AND sal < 3000);
```

上述代码从 EMP 表中查找工作为销售人员且工资小于 3000 元以外的数据，运行结果如图 6-20 所示。表达式(job = 'SALESMAN' AND sal < 3000)是优先级是最高的，即工作是销售人员，而且工资小于 3000 元。

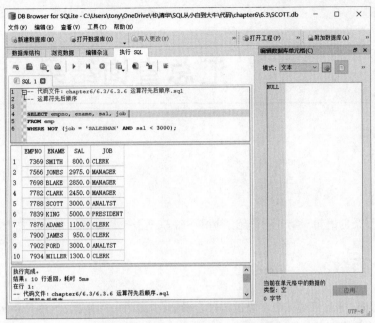

图 6-20　运算符优先级示例运行结果

本章小结

本章重点介绍使用 SQL 中查询数据的 SELECT 语句。SELECT 语句有很多子句，本章重点介绍 ORDER BY 和 WHERE 子句。

第 7 章

汇总查询结果

DQL 是 SQL 最复杂的语句，第 6 章介绍了基本 SELECT 语句，本章将介绍汇总查询结果。

7.1　聚合函数

在使用聚合函数时，通常只对一个字段进行聚合操作，并返回一行数据，这些聚合函数有 COUNT、SUM、AVG、MIN 和 MAX。聚合函数的语法如下。

```
SELECT function(field)
FROM table_name;
[WHERE condition];
```

视频讲解

7.1.1　COUNT 函数

COUNT 函数计算查询返回符合条件的数据的行数。注意，COUNT 函数不统计空值。COUNT 函数可以有 3 种形式：

（1）COUNT(field_name)，指定某个字段，注意空值不计数；

（2）COUNT(*)，*表示指定所有字段；

（3）COUNT(1)，等同于 COUNT(*)。

查询 EMP 表中数据，如图 7-1 所示，表中有 14 条数据。

使用 COUNT 函数访问 EMP 表示例代码如下。

```
-- 代码文件: chapter7/7.1/7.1.1.sql
-- 使用 COUNT 函数
SELECT COUNT(*) FROM emp;                                    ①
SELECT COUNT(empno) FROM emp;                                ②
SELECT COUNT(comm) FROM emp;                                 ③
SELECT COUNT(1) FROM emp;                                    ④
```

代码①、②、④输出结果都为 14，如图 7-2 所示；代码③输出结果为 4，如图 7-3 所示，说明空值数据没有被计数。

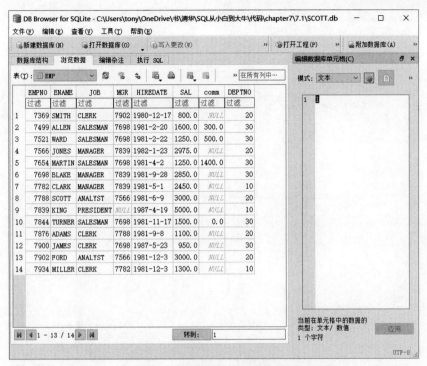

图 7-1　查询 EMP 表中数据

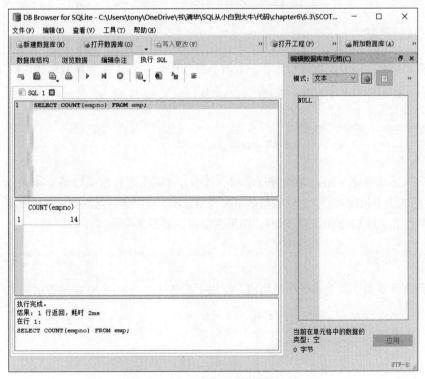

图 7-2　COUNT 函数示例结果（1）

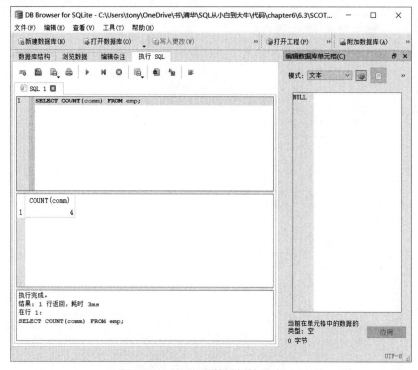

图 7-3 COUNT 函数示例结果（2）

视频讲解

7.1.2 SUM 函数

SUM 函数可以对数字类型字段进行求和，空值不参与累加。使用 SUM 函数示例代码如下。

```
-- 代码文件：chapter7/7.1/7.1.2 使用 SUM 函数.sql
-- 使用 SUM 函数
SELECT SUM(comm) FROM emp;                              ①
SELECT SUM(comm) FROM emp WHERE comm is NULL;           ②
SELECT SUM(ENAME) FROM emp;                             ③
```

代码①和代码②都是对 comm 字段进行求和。其中，代码①运行结果如图 7-4 所示；代码②添加了 WHERE 子句，筛选出空值的数据，空值数据是不参与累加的，所以运行结果如图 7-5 所示，没有输出结果；代码③试图对非数值字段 ENAME 进行求和，结果为空值，如图 7-6 所示。

视频讲解

7.1.3 AVG 函数

AVG 函数用来计算数字类型字段的平均值，空值不参与计算。使用 AVG 函数示例代码如下。

```
-- 代码文件：chapter7/7.1/7.1.3 使用 AVG 函数.sql
-- 使用 AVG 函数
-- 返回 550.0
SELECT AVG(comm) FROM emp;                              ①

-- 计数值返回 4
SELECT COUNT(comm) FROM emp;
```

-- 求和值返回 2200.0
SELECT SUM(comm) FROM emp;

代码①对 comm 字段进行求平均值，运行结果如图 7-7 所示，返回值为 550.0，空值数据不参与计算。

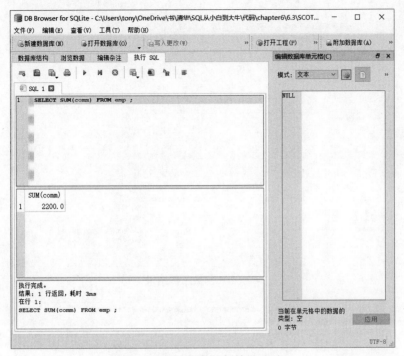

图 7-4　SUM 函数示例结果（1）

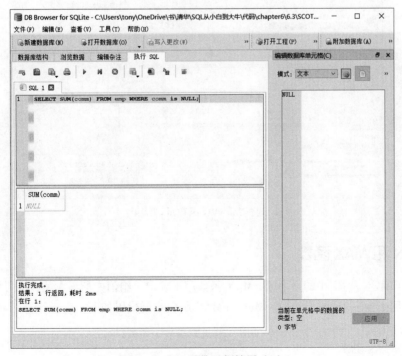

图 7-5　SUM 函数示例结果（2）

图 7-6　SUM 函数示例结果（3）

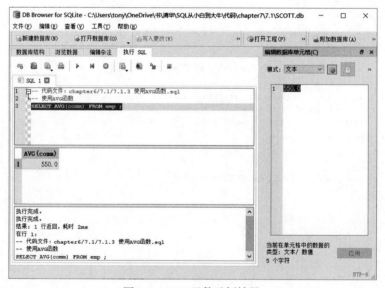

图 7-7　AVG 函数示例结果

视频讲解

7.1.4　MIN 和 MAX 函数

MIN 函数用于确定一组值中的最小值，MAX 函数用于确定一组值中的最大值，这两个函数都不能返回空值，因为空值不能与任何值进行比较。MIN 和 MAX 函数示例代码如下。

```
-- 代码文件：chapter7/7.1/7.1.4 使用 MIN 函数和 MAX 函数.sql
-- MIN 函数和 MAX 函数
-- 计算最小值
```

```
SELECT MIN(sal) FROM emp;                                                ①
-- 计算最大值
SELECT MAX(sal) FROM emp;                                                ②
-- 测试空值
SELECT MAX(comm) FROM emp WHERE comm is NULL;                            ③
```

代码①对 sal 字段求最小值，即获得最低工资的员工信息，运行结果如图 7-8 所示；代码②对 sal 字段求最大值，即获得最高工资的员工信息，运行结果如图 7-9 所示；代码③运行结果如图 7-10 所示，没有返回任何数据。

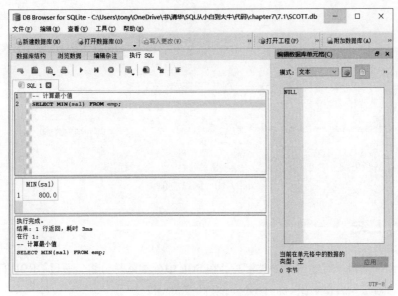

图 7-8　MIN 函数示例结果

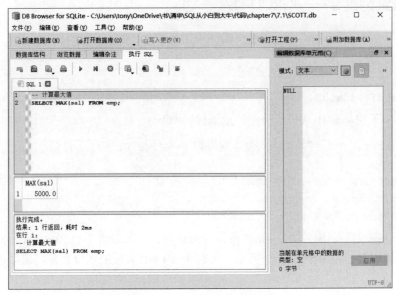

图 7-9　MAX 函数示例结果

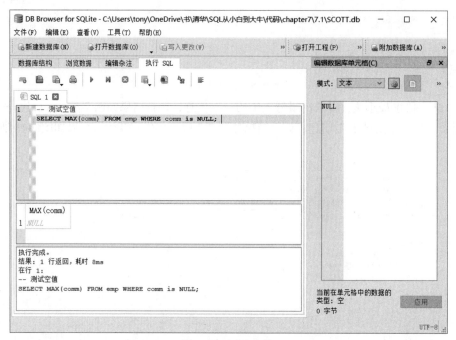

图 7-10   测试空值

7.2   分类汇总

在数据处理中经常会涉及对数据的分类汇总，在 SQL 中分类就是分组，通过 GROUP BY 子句实现；而汇总就是聚合操作，通过聚合函数实现。

7.2.1   分组查询结果——GROUP BY 子句

GROUP BY 子句语法如下。

```
SELECT field1, field2, …
FROM table_name
GROUP BY field1, field2, …];
```

使用 GROUP BY 子句对 EMP 表进行分组，示例代码如下。

```
-- 代码文件：chapter7/7.2/7.2.1 分类查询结果——GROUP BY 子句.sql
-- GROUP BY 子句
SELECT  * FROM emp GROUP BY deptno;                                    ①
SELECT  * FROM emp GROUP BY job;                                       ②
SELECT  * FROM emp GROUP BY job,deptno;                                ③
```

代码①对 EMP 表按照部门编号（deptno）进行分组查询，结果如图 7-11 所示；代码②对 EMP 表按照职位（job）进行分组查询，结果如图 7-12 所示；代码③对 EMP 表按照职位和部门编号进行分组查询，结果如图 7-13 所示。

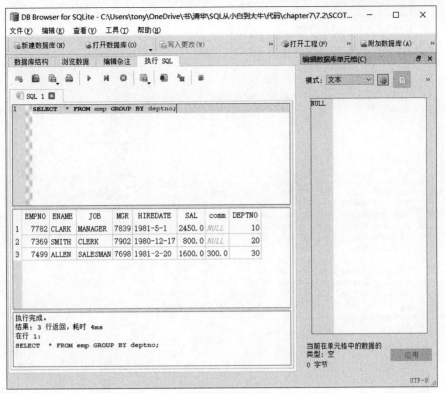

图 7-11　分组查询结果（1）

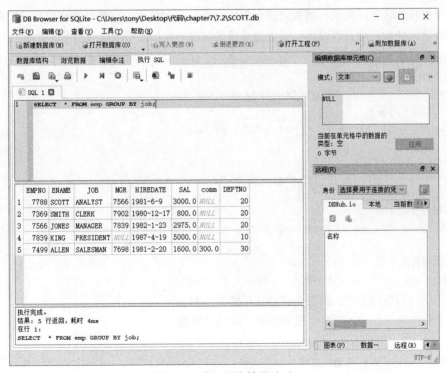

图 7-12　分组查询结果（2）

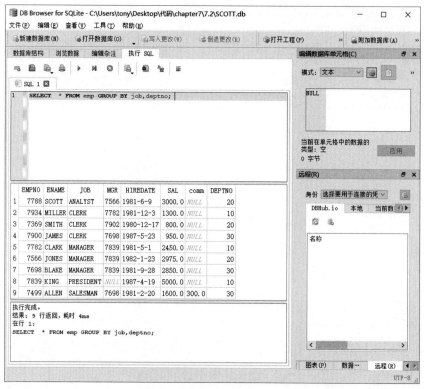

图 7-13 分组查询结果（3）

单纯的分组没有什么实际意义，通常分组会与集合函数一起使用，这些处理在数据分析中经常使用，这就是数据分析中的**分类汇总**。假设你的老板想看看各部门的平均工资，通过分类汇总实现代码如下。

```sql
-- 代码文件：chapter7/7.2/7.2.1 分类查询结果——GROUP BY 子句.sql
-- GROUP BY 子句
-- ***************** 分类汇总 1 *****************
-- 统计部门的平均工资
SELECT deptno, AVG(sal) FROM emp GROUP BY deptno;          ①

-- 统计各部门工资总和
SELECT deptno, SUM(sal) FROM emp GROUP BY deptno;

-- 统计各部门最高工资
SELECT deptno, MAX(sal) FROM emp GROUP BY deptno;

-- 统计各部门最低工资
SELECT deptno, MIN(sal) FROM emp GROUP BY deptno;
```

代码①统计部门的平均工资，该语句查询结果如图 7-14 所示。

多个聚合函数都可以在 SELECT 字段列表中，示例代码如下。

```sql
-- 代码文件：chapter7/7.2/7.2.1 分类查询结果——GROUP BY 子句.sql
-- ***************** 分类汇总 2 *****************
SELECT deptno, AVG(sal), SUM(sal),MAX(sal),MIN(sal)
```

```
FROM emp
GROUP BY deptno;
```

在上述 SELECT 语句中，分组统计部门平均工资、部门工资总和、部门最高工资和部门最低工资，该语句运行结果如图 7-15 所示。

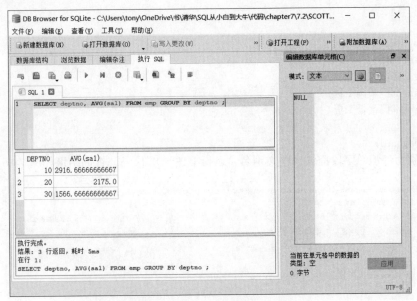

图 7-14　统计部门的平均工资

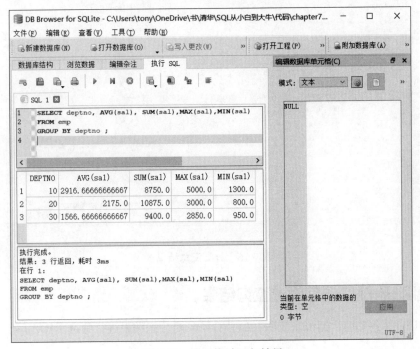

图 7-15　分组统计运行结果

如果觉得这样分类汇总结果还不够友好，还可以给各汇总字段提供一个别名，示例代码如下。

```
-- 代码文件：chapter7/7.2/7.2.1 分类查询结果——GROUP BY 子句.sql
-- **************** 分类汇总 3 ****************
SELECT deptno, AVG(sal), SUM(sal),MAX(sal),MIN(sal)
FROM emp
GROUP BY deptno;



SELECT deptno,
AVG(sal) as  部门平均工资,
SUM(sal) as 部门工资总和,
MAX(sal) as 部门最高工资,
MIN(sal) as 部门最低工资
FROM emp
GROUP BY deptno;
```

上述代码分别为各汇总字段提供了中文别名，运行上述 SQL 代码，查询结果如图 7-16 所示。

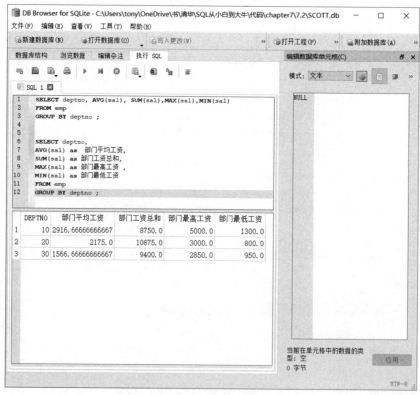

图 7-16　分类汇总结果

视频讲解

7.2.2　使用 HAVING 子句筛选查询结果

当使用 GROUP BY 语句时，还可以使用 HAVING 子句对分组结果进行筛选。HAVING 子句语法如下。

```
SELECT field1, field2, …
FROM table_name
WHERE condition
```

```
GROUP BY field1, field2, …
[HAVING condition];
```

在上述语法中，HAVING 子句是分组过滤条件。

◎注意 WHERE 和 HAVING 子句有何不同之处？WHERE 子句是先筛选再分组，而 HAVING 子句是对组进行筛选。

假设你希望查找平均工资高于 2000 元的所有部门，使用 HAVING 子句实现代码如下。

```
-- 代码文件：chapter7/7.2/7.2.2 使用 HAVING 筛选查询结果.sql
-- HAVING 子句
SELECT deptno,AVG(sal)
FROM emp
GROUP BY deptno
HAVING AVG(sal) > 2000;                                               ①
```

代码①使用 HAVING 子句筛选分组，结果如图 7-17 所示，返回两组数据；使用 WHERE 子句则是先筛选再分组，如图 7-18 所示。

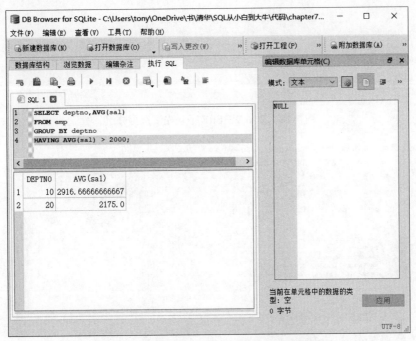

图 7-17　使用 HAVING 子句筛选分组结果

◎注意 HAVING 子句应该在 GROUP BY 子句之后。

对于分组结果，还可以使用 ORDER BY 子句排序，示例代码如下。

```
-- 代码文件：chapter7/7.2/7.2.2 使用 HAVING 筛选查询结果.sql
-- 排序分组结果
SELECT deptno,AVG(sal)
FROM emp
GROUP BY deptno
```

```
HAVING AVG(sal) > 2000
ORDER BY AVG(sal) DESC;                                                        ①
```

代码①通过 ORDER BY 子句对分组结果进行排序，实现了按照平均工资降序排序，分组排序结果如图 7-19 所示。

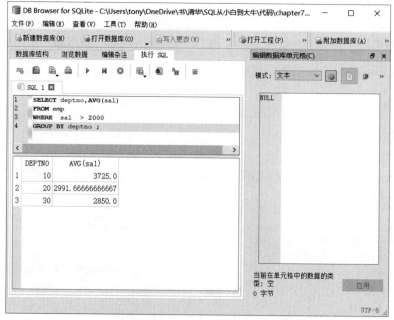

图 7-18　使用 WHERE 子句先筛选再分组

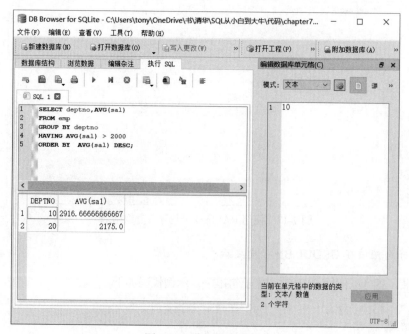

图 7-19　分组排序结果

📌*注意* ORDER BY 子句和 GROUP BY 子句同时存在时，ORDER BY 子句应该放在最后。

视频讲解

7.2.3 使用 DISTINCT 运算符选择唯一值

在对数据进行统计分析时，经常会遇到数据重复的情况，此时可以在 SELECT 语句中使用 DISTINCT 运算符列出不同值。DISTINCT 运算符语法如下。

```
SELECT  [DISTINCT] field1, field2, …
FROM table_name;
```

从语法可见，DISTINCT 运算符在 SELECT 语句之后，DISTINCT 运算符指定去除重复的字段列表。如果省略 DISTINCT，则为普通的 SELECT 语句。

下面通过示例熟悉 DISTINCT 运算符的使用。

如果老板想知道员工表中有多少个不同的职位，使用普通的 SELECT 语句，查询结果如图 7-20 所示，可见 14 条数据中有很多重复的数据。

图 7-20　普通 SELECT 语句查询结果

使用 DISTINCT 运算符实现，代码如下。

```
-- 代码文件：chapter7/7.2/7.2.3 使用 DISTINCT 选择唯一值.sql
-- 使用 DISTINCT 运算符
SELECT  DISTINCT  job
FROM emp;
```

上述代码通过 DISTINCT 运算符指定唯一值的字段 job（职位），查询结果如图 7-21 所示，有 5 种不同的职位。

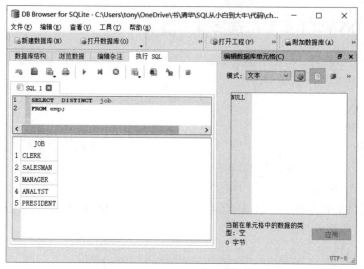

图 7-21　DISTINCT 运算符查询结果

上述示例只是指定一个字段选择唯一数据，事实上 DISTINCT 运算符后面可以指定多个字段。这种情况下，只有所有指定的字段值数据都相同，才会被认为是重复的数据，示例代码如下。

-- 代码文件：chapter7/7.2/7.2.3 使用 DISTINCT 选择唯一值.sql
-- 指定多个字段去重
SELECT DISTINCT sal,job
FROM emp;

上述代码选择 sal 和 job 字段都不能重复的数据，查询结果如图 7-22 所示。

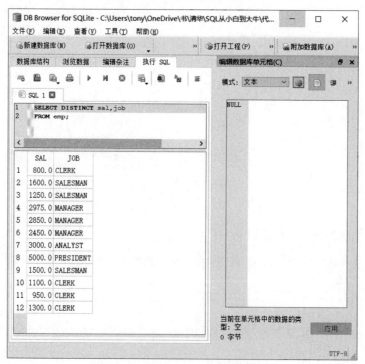

图 7-22　指定多个字段查询结果

提示　DISTINCT 运算符和 GROUP BY 子句有时具有相同的效果，例如下面两条 SQL 语句都实现了查询不同职位数据。那么它们有什么区别？它们的设计目的不同，DISTINCT 运算符是为了实现去除重复数据；ORDER BY 子句是为了实现数据分类汇总。所以，如果只是去除重复数据，推荐使用 DISTINCT 运算符实现；如果为了分类汇总，则推荐使用 ORDER BY 子句。

```
-- 通过 DISTINCT 获得不同职位数据
SELECT  DISTINCT job
FROM emp;
```

```
-- 通过 GROUP BY 获得不同职位数据
SELECT   job
FROM emp GROUP BY job;
```

本章小结

本章重点介绍聚合函数和分类汇总。其中，聚合函数包括 COUNT 函数、SUM 函数、AVG 函数、MIN 函数和 MAX 函数等；分类汇总包括 GROUP BY 子句、HAVING 子句，以及使用 DISTINCT 运算符实现选择唯一值。

第 8 章

子 查 询

在使用 SQL 语句查询时，有时一条 SQL 语句会依赖于另一条 SQL 语句查询的结果。这种情况下，可以将另外一条 SQL 语句嵌套到当前 SQL 语句中，这就是**子查询**（Sub Query），本章介绍子查询。

8.1　子查询的概念

视频讲解

子查询也称为**内部查询**或**嵌套查询**，子查询所在的外部查询称为**外查询**或**父查询**。子查询通常添加在 SELECT 语句的 WHERE 子句中，也可以添加在 UPDATE 或 DELETE 语句的 WHERE 子句中，或嵌套在另一个子查询中。

8.1.1　从一个案例引出的思考

使用子查询的场景是一个查询依赖于另一个查询的结果。假设有这样的需求：你的老板让你找出销售部所有员工的信息。从图 4-2 所示的 SCOTT 用户 E-R 图中可见员工表中只有"所在部门"字段，它只保存了部门编号，而部门名称是保存在部门表中的。如何解决这个问题？实现这个需求，一般通过两个步骤完成。

（1）首先在部门表中查询销售部（SALES）的部门编号，代码如下。

```
SELECT deptno FROM dept WHERE dname = 'SALES';
```

这条 SQL 语句的运行结果如图 8-1 所示，返回部门编号为 30。

（2）然后从员工表中按照部门编号等于 30 作为条件查询员工信息，代码如下。

```
SELECT * FROM emp WHERE deptno = 30;
```

执行这条 SQL 语句就可以返回员工信息，具体结果不再赘述。

8.1.2　使用子查询解决问题

8.1.1 节中通过两个步骤实现员工信息查询过于烦琐。是否可以通过一条 SQL 语句解决问题呢？事实上，可以使用一条 SQL 语句解决这个问题。技术手段有子查询、表连接、存储过程。

本章重点介绍子查询，代码如下。

```
-- 代码文件: chapter8/8.1/8.1.2.sql
SELECT *
FROM emp
```

```
WHERE deptno = (                          ①
    SELECT deptno                         ②
    FROM dept
    WHERE dname = 'SALES'                 ③
);
```

代码①使用了=运算符与子查询结果进行比较，括号中是一个子查询，代码②和代码③从部门表中通过部门名称查询部门编号，然后将查询结果作为输入条件在员工表中进行查询。

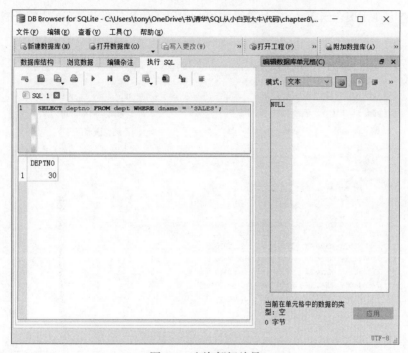

图 8-1 查询部门编号

注意 子查询应该用一对小括号包裹起来。

8.2 单行子查询

根据返回值的多少，子查询可以分为以下两种。

（1）单行子查询：子查询返回 0 或 1 条数据。

（2）多行子查询：子查询返回 0 或多条数据。

本节先介绍单行子查询，单行子查询经常使用的运算符有=、<、>、>=和<=等，8.1.1 节示例就是单行子查询，它使用=运算符。

下面通过几个示例熟悉如何使用单行子查询。

8.2.1 示例：查找所有工资超过平均工资的员工

实现查找所有工资超过平均工资的员工，使用子查询的实现步骤是在子查询中使用 AVG 函数获得平均值，然后作为输入条件进行查询。实现代码如下。

视频讲解

```
-- 代码文件: chapter8/8.2/8.2.1.sql
-- 查找所有工资超过平均工资的员工列表
SELECT *
FROM emp
WHERE sal > (                                                    ①
    SELECT AVG(sal)                                              ②
    FROM emp
);
```

代码②的子查询使用聚合函数 AVG 计算平均值，代码①使用比较运算符>比较子查询，查询结果如图 8-2 所示。

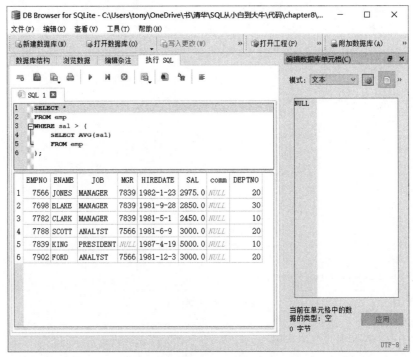

图 8-2 单行子查询结果（1）

8.2.2 示例：查找工资最高的员工

视频讲解

查找工资最高的员工，使用子查询的实现步骤是在子查询中使用 MAX 函数获得最高工资，然后作为输入条件进行查询。实现代码如下。

```
-- 代码文件: chapter8/8.2/8.2.2.sql
-- 工资最高的员工
SELECT *
FROM EMP
WHERE SAL = (                                                    ①
    SELECT MAX(sal)                                              ②
    FROM emp
);
```

代码②的子查询使用聚合函数 MAX 计算最大值，代码①使用比较运算符=比较子查询，查询结果如图 8-3 所示，工资最高的员工是 KING。

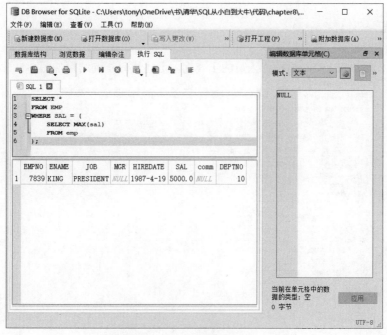

图 8-3　单行子查询结果（2）

8.2.3　示例：查找与 SMITH 职位相同的员工

视频讲解

使用子查询查找与 SMITH 职位相同的员工，实现代码如下。

```
-- 代码文件：chapter8/8.2/8.2.3.sql
-- 查找与 SMITH 职位相同员工
SELECT *
FROM EMP
WHERE JOB = (                          ①
    SELECT JOB                         ②
    FROM EMP
    WHERE ENAME = 'SMITH'              ③
);
```

代码②和代码③是查找与 SMITH 职位相同的子查询，代码①使用比较运算符=比较子查询，查询结果如图 8-4 所示。

8.2.4　示例：查找谁的工资超过了工资最高的销售人员

视频讲解

查找谁的工资超过了工资最高的销售人员，实现代码如下。

```
-- 代码文件：chapter8/8.2/8.2.4.sql
-- 谁的工资超过了工资最高的销售人员
SELECT *
```

```
FROM EMP
WHERE SAL > (
    SELECT MAX(SAL)                                                ①
    FROM EMP
    WHERE JOB = 'SALESMAN'                                         ②
);
```

代码①和代码②是查询工资最高销售人员的子查询。上述代码查询结果如图 8-5 所示。

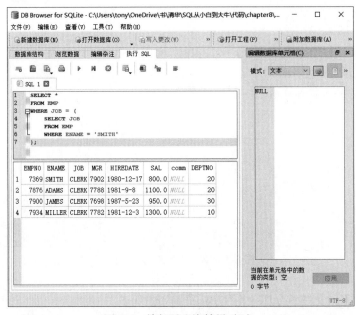

图 8-4　单行子查询结果（3）

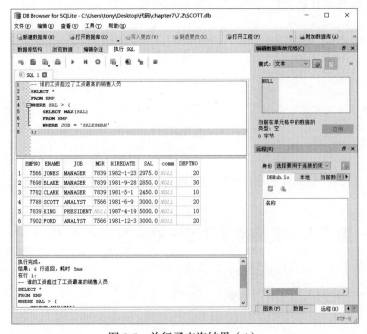

图 8-5　单行子查询结果（4）

8.2.5　示例：查找职位与 CLARK 相同，且工资超过 CLARK 的员工

查找职位与 CLARK 相同，且工资超过 CLARK 的员工，实现代码如下。

```
-- 代码文件：chapter8/8.2/8.2.5.sql
-- 职位与 CLARK 相同，且工资超过 CLARK 的员工
SELECT *
FROM EMP
WHERE JOB = (
        SELECT JOB
        FROM EMP                                     ①
        WHERE ENAME = 'CLARK'                        ②
    )
    AND SAL > (
        SELECT SAL                                   ③
        FROM EMP
        WHERE ENAME = 'CLARK'                        ④
    );
```

上述代码使用了两个子查询，代码②和代码③是查询员工 CLARK 职位的子查询；代码③和代码④是查询员工 CLARK 工资的子查询。上述代码查询结果如图 8-6 所示。

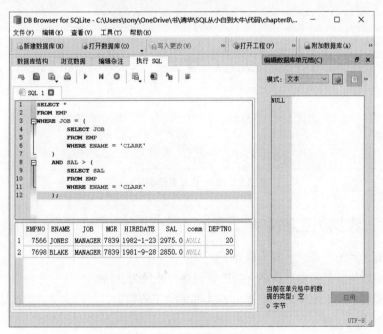

图 8-6　单行子查询结果（5）

8.2.6　示例：查找资格最老的员工

资格最老的员工也就是入职最早的员工，EMP 表的 HIREDATE 字段是员工的入职时间，只需要在子查询中查找最小 HIREDATE 数据，然后作为父查询条件查询员工信息，实现代码如下。

```
-- 代码文件：chapter8/8.2/8.2.6.sql
-- 资格最老的员工
SELECT *
FROM EMP
WHERE HIREDATE = (
    SELECT MIN(HIREDATE)                                    ①
    FROM EMP                                                ②
);
```

代码①和代码②是查询最早入职时间的子查询。上述代码查询结果如图 8-7 所示。

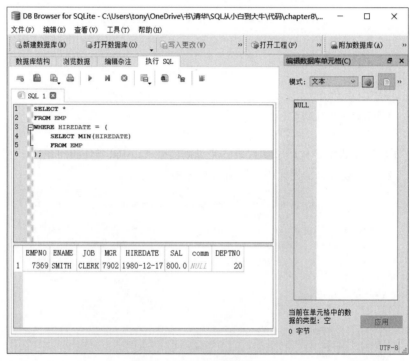

图 8-7　单行子查询结果（6）

8.2.7　示例：查找员工表中第 2 高的工资

视频讲解

查找员工表中第 2 高的工资，实现步骤如下。

（1）子查询，实现从员工表中查询最大的工资数据，假设为 A。

（2）父查询，实现从员工表中查询工资小于 A 的最大工资数据，假设为 B，B 就是要查询的第 2 高的工资。

具体实现代码如下。

```
-- 代码文件：chapter8/8.2/8.2.7.sql
-- 查找员工表中第 2 高的工资
SELECT MAX(SAL)
FROM EMP
WHERE SAL < (
    SELECT MAX(SAL)                                         ①
```

```
    FROM EMP                                                              ②
);
```

代码①和代码②是查询最大的工资数据的子查询。上述代码查询结果如图 8-8 所示，可见第 2 高工资
为 3000.0。

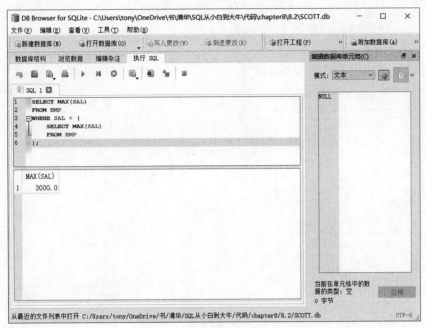

图 8-8　单行子查询结果（7）

8.3　多行子查询

8.2 节介绍了单行子查询，本节介绍多行子查询。多行子查询通常使用的运算符有 IN、NOT IN、EXISTS
和 NOT EXISTS 等，这些运算符都用来比较一个集合。

下面通过几个示例熟悉如何使用多行子查询。

8.3.1　示例：查找销售部所有员工

查找销售部所有员工，使用多行子查询实现步骤如下。

（1）子查询，实现从部门表中按照条件 dname = 'SALES' 查找部门编号，集合为 A。

（2）父查询，实现从员工表中查找部门编号在集合 A 中有的员工信息。

具体实现代码如下。

视频讲解

```
-- 代码文件：chapter8/8.3/8.3.1.sql
-- 查找销售部所有员工信息
SELECT *
FROM emp
WHERE deptno IN(                                                         ①
    SELECT deptno                                                        ②
    FROM dept
```

```
    WHERE dname = 'SALES'                                                       ③
);
```

代码②和代码③是步骤（1）所描述的子查询，它用于查找部门名称为销售部（SALES）的部门编号，代码①通过 IN 运算符比较子查询。上述代码查询结果如图 8-9 所示。

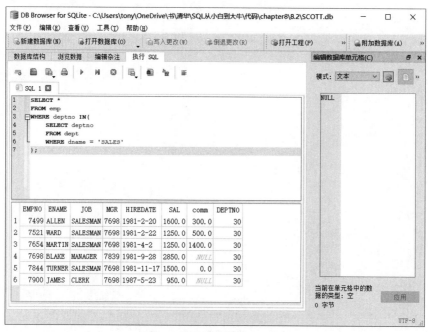

图 8-9　多行子查询结果（1）

8.3.2　示例：查找与 SMITH 或 CLARK 职位不同的所有员工

视频讲解

实现查找与 SMITH 或 CLARK 职位不同的所有员工，使用多行子查询实现步骤如下。

（1）子查询，实现从员工表中查找 SMITH 或 CLARK 的职位，集合为 A。

（2）父查询，实现从员工表中查找职位不在集合 A 中所有员工信息。

具体实现代码如下。

```
-- 代码文件：chapter8/8.3/8.3.2.sql
-- 查找与 SMITH 或 CLARK 职位不同的所有员工
SELECT *
FROM EMP
WHERE JOB NOT IN (                                                             ①
    SELECT JOB                                                                 ②
    FROM EMP
    WHERE ENAME = 'SMITH'                                                      ③
       OR ENAME = 'CLARK'
);
```

代码②和代码③是上述步骤（1）描述的子查询，注意它的查询条件使用了 OR 运算符，代码①使用 NOT IN 运算符比较子查询。上述代码查询结果如图 8-10 所示。

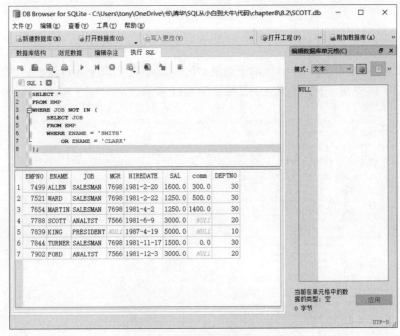

图 8-10 多行子查询结果（2）

8.4 嵌套子查询

正如子查询可以嵌套在标准查询中一样，它也可以嵌套在另一个子查询中。对于嵌套的层次，唯一的限制就是性能。随着对子查询一层接一层地嵌套，查询的性能也会严重下降。

下面通过几个示例熟悉如何使用嵌套子查询。

8.4.1 示例：查找超出平均工资员工所在部门

查找超出平均工资员工所在部门，使用子查询的实现步骤如下。

（1）子查询，实现从员工表中查找员工平均工资，记为 A。

（2）查询步骤（1）的父查询，实现从员工表中查找大于平均工资 A 的部门编号，记为集合 B。

（3）查询步骤（2）的父查询，实现从部门表中查找部门编号在集合 B 中的所有部门信息。

具体实现代码如下。

视频讲解

```
-- 代码文件：chapter8/8.4/8.4.1.sql
-- 查找超出平均工资员工所在部门
SELECT *                                                    ①
FROM dept
WHERE deptno IN (
    SELECT deptno                                          ②
    FROM emp
    WHERE sal > (
        SELECT AVG(sal)                                    ③
        FROM emp                                           ④
```

```
    )
);
```
⑤
⑥

代码③和代码④是实现上述步骤（1）的子查询；代码②~⑤是实现上述步骤（2）的查询；代码①~⑥是实现上述步骤（3）的查询。上述代码查询结果如图8-11所示。

图 8-11　嵌套子查询结果（1）

8.4.2　示例：查找员工表中工资第 3 高的员工信息

查找员工表中工资第 3 高的员工信息，使用子查询的实现步骤如下。

（1）最内层子查询，实现从员工表中查找最高工资，记为 A。

（2）查询步骤（1）的父查询，实现从员工表中查找小于 A 的最大工资，记为 B。

（3）查询步骤（2）的父查询，实现从员工表中查找小于 B 的最大工资，记为 C。

（4）查询步骤（3）的父查询，也是最外层查询，实现从员工表中查找工资等于 C（第 3 高的工资）的所有员工信息。

具体实现代码如下。

```
-- 代码文件：chapter8/8.4/8.4.2.sql
-- 查找员工表中工资第 3 高的员工信息
SELECT *                                                    ①
FROM emp
WHERE sal = (
    SELECT MAX(sal)                                        ②
    FROM emp
    WHERE sal < (
        SELECT MAX(sal)                                    ③
        FROM emp
```

```
    WHERE sal < (                                                    ④
        SELECT MAX(sal)                                              ⑤
        FROM emp                                                     ⑥
    )                                                                ⑦
  )                                                                  ⑧
);                                                                   ⑨
```

上述代码中有 3 个查询语句，代码①~⑨为最外层查询，即上述步骤（4）的查询；代码②~⑧是上述步骤（3）的查询；代码③~⑥是上述步骤（2）的查询；代码④和代码⑤是上述步骤（1）的查询。上述代码查询结果如图 8-12 所示。

图 8-12　嵌套子查询结果（2）

8.5　在 DML 中使用子查询

子查询主要用于 WHERE 子句作为输入条件过滤数据，包含 WHERE 子句的 DML 语句（DELETE 和 UPDATE）也可以使用子查询。

8.5.1　在 DELETE 语句中使用子查询

在 DELETE 语句的 WHERE 子句中使用子查询，与 SELECT 语句的 WHERE 子句使用没有区别。下面通过示例熟悉如何在 DELETE 语句中使用子查询。

8.5.2　示例：删除部门所在地为纽约的所有员工

如何从员工表中删除部门所在地在纽约的所有员工？由于员工表中只有部门编号，没有部门所在地，

视频讲解

因此需要先到部门表中通过部门所在地（LOC）字段查询部门编号集合，然后再作为输入条件从员工表中删除员工。

实现步骤如下。

（1）子查询，从部门表中通过部门所在地（LOC）字段查询部门编号，记为集合 *A*。

（2）将部门编号集合 *A* 作为条件从员工表中删除数据。

具体实现代码如下。

```
-- 代码文件：chapter8/8.5/8.5.2.sql
-- 删除所在部门为纽约的所有员工
DELETE FROM EMP                                          ①
WHERE DEPTNO IN (                                        ②
        SELECT DEPTNO                                    ③
        FROM DEPT
        WHERE LOC = 'NEW YORK'                           ④
    );
```

代码①是删除语句，代码②是删除语句的条件，它采用 IN 运算符与子查询进行比较，代码③和代码④是删除数据的子查询语句，它可以查询所在地为纽约的部门。

8.5.3 在 UPDATE 语句中使用子查询

在 UPDATE 语句的 WHERE 子句中使用子查询，与 SELECT 语句以及 DELETE 语句中的 WHERE 子句使用没有区别。下面通过示例熟悉如何在 UPDATE 语句中使用子查询。

8.5.4 示例：给所有低于平均工资的员工涨工资

视频讲解

给所有低于平均工资的员工涨工资，实现步骤如下。

（1）子查询，从员工表中查询工资小于平均值的所有员工，记为集合 *A*。

（2）更新语句，把部门编号集合 *A* 作为条件从员工表更新数据。

子查询中使用平均值 AVG 函数获得平均值，然后作为输入条件更新数据。实现代码如下。

```
-- 代码文件：chapter8/8.5/8.5.4.sql
-- 给所有低于平均工资的员工涨工资
UPDATE emp                                               ①
SET sal = sal + 500                                      ②
WHERE sal < (SELECT AVG(sal) FROM emp);                  ③
```

代码①是更新语句，代码②是更新工资字段，即在原有工资上加 500，代码③通过子查询查找低于平均工资的数据。

本章小结

本章重点介绍 SQL 中的子查询，其中包括单行子查询、多行子查询和嵌套子查询，最后介绍在 DML 语句中使用子查询。

第 9 章

表 连 接

表连接是 SQL 中非常重要的技术，本章介绍表连接。

9.1 表连接的概念

视频讲解

表连接（Join）是可以将多个表中的数据结合在一起的查询。

9.1.1 使用表连接重构 "找出所有销售部所有员工信息" 案例

8.3.1 节介绍的是通过子查询实现找出所有销售部所有员工信息，事实上还可以通过表连接实现该案例，具体代码如下。

```
-- 代码文件: chapter9/9.1/9.1.1.sql
-- 从一个案例思考
SELECT *
FROM EMP e, DEPT d
WHERE e.DEPTNO = d.DEPTNO;
```

上述代码将两个表连接起来，连接条件是 e.DEPTNO = d.DEPTNO，查询结果如图 9-1 所示，其中有些字段来自 EMP 表（员工表），而有些字段来自 DEPT 表（部门表）。

在上述代码中，由于两个表中有些字段名是重复的，所以可以给表起一个别名，如图 9-2 所示，EMP 的别名是 e，DEPT 的别名是 d。使用 as 关键字声明表的别名，也可以使用空格声明，如 DEPT d 是为 DEPT 表声明别名为 d。

表连接分为多种类型，有些类型是特定数据库所支持，本章首先介绍主流数据库所支持的表连接语法，包括：

（1）内连接（INNER JOIN）；

（2）左连接（LEFT JOIN），又称为左外连接；

（3）右连接（RIGHT JOIN），又称为右外连接；

（4）全连接（FULL JOIN），又称为全外连接；

（5）交叉连接（CROSS JOIN），又称为笛卡儿积（Cartesian Product）、笛卡儿连接。

这些连接中常用的有内连接、左连接和右连接。由于右连接可以使用左连接替代，所以最常用的表连接是内连接和左连接。

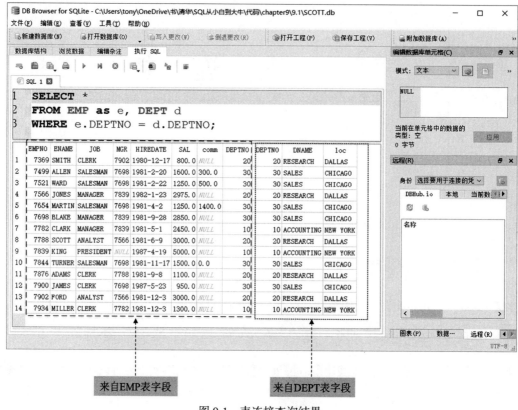

来自EMP表字段　　　　　　来自DEPT表字段

图 9-1　表连接查询结果

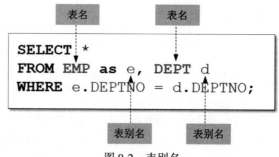

图 9-2　表别名

视频讲解

9.1.2　准备数据

在介绍各种类型的表连接之前，有必要先准备一些测试数据。首先修改 4.2 节 SCOTT 用户中的 EMP 表结构，去掉了 EMP 表中的外键 DEPTNO，这样做的目的是允许在 EMP 表的 DEPTNO 字段输入一些 NULL 数据，这是为了测试的需要。修改 EMP 表并插入数据的 SQL 脚本代码如下。

-- 代码文件: chapter9/9.1/9.1.2.sql

-- 删除员工表
drop table if exists EMP;

```
--  删除部门表
drop table if exists DEPT;

--  创建部门表
create table DEPT
(
    DEPTNO              int not null,     -- 部门编号
    DNAME               varchar(14),      -- 名称
    loc                 varchar(13),      -- 所在位置
    primary key(DEPTNO)
);

--  创建员工表
create table EMP                                                          ①
(
    EMPNO               int not null,     -- 员工编号
    ENAME               varchar(10),      -- 员工姓名
    JOB                 varchar(9),       -- 职位
    MGR                 int,              -- 员工顶头上司
    HIREDATE            char(10),         -- 入职日期
    SAL                 float,            -- 工资
    comm                float,            -- 奖金
    DEPTNO              int,              -- 所在部门
    primary key(EMPNO)
                                                                          ②
);

--  插入部门数据
insert into DEPT(DEPTNO, DNAME, LOC)
values(10, 'ACCOUNTING', 'NEW YORK');
insert into DEPT(DEPTNO, DNAME, LOC)
values(20, 'RESEARCH', 'DALLAS');
insert into DEPT(DEPTNO, DNAME, LOC)
values(30, 'SALES', 'CHICAGO');
insert into DEPT(DEPTNO, DNAME, LOC)
values(40, 'OPERATIONS', 'BOSTON');
insert into DEPT(DEPTNO, DNAME, LOC)
values(50, '秘书处', '上海');
insert into DEPT(DEPTNO, DNAME, LOC)
values(60, '总经理办公室', '北京');

--  插入员工数据
insert into EMP(EMPNO, ENAME, JOB, MGR, HIREDATE, SAL, COMM, DEPTNO)
...
insert into EMP(EMPNO, ENAME, JOB, MGR, HIREDATE, SAL, COMM, DEPTNO)
```

```
values(7844, 'TURNER', 'SALESMAN', 7698, '1981-11-17', 1500, 0, 30);
insert into EMP(EMPNO, ENAME, JOB, MGR, HIREDATE, SAL, COMM, DEPTNO)
values(7876, 'ADAMS', 'CLERK', 7788, '1981-9-8', 1100, null, 20);
insert into EMP(EMPNO, ENAME, JOB, MGR, HIREDATE, SAL, COMM, DEPTNO)
values(7900, 'JAMES', 'CLERK', 7698, '1987-5-23', 950, null, 30);
insert into EMP(EMPNO, ENAME, JOB, MGR, HIREDATE, SAL, COMM, DEPTNO)
values(7902, 'FORD', 'ANALYST', 7566, '1981-12-3', 3000, null, 20);
insert into EMP(EMPNO, ENAME, JOB, MGR, HIREDATE, SAL, COMM, DEPTNO)
values(7934, 'MILLER', 'CLERK', 7782, '1981-12-3', 1300, null, 10);
insert into EMP(EMPNO, ENAME, JOB, MGR, HIREDATE, SAL, COMM, DEPTNO)
values(8360, '刘备', '领导', null, '800-2-17', 8000, null, 80);
insert into EMP(EMPNO, ENAME, JOB, MGR, HIREDATE, SAL, COMM, DEPTNO)
values(8361, '关羽', '将军', 8360, '800-3-7', 5500, null, 90);
insert into EMP(EMPNO, ENAME, JOB, MGR, HIREDATE, SAL, COMM, DEPTNO)
values(8362, '张飞', '将军', 8360, '800-12-3', 5000, null, 60);

-- 提交数据
COMMIT;
```

上述 SQL 语句中，代码①和代码②是重新创建 EMP 表的代码，可见其中去掉了外键关联语句。执行上述 SQL 语句，EMP 表数据如图 9-3 所示，DEPT 表数据如图 9-4 所示。

	EMPNO	ENAME	JOB	MGR	HIREDATE	SAL	comm	DEPTNO
1	7369	SMITH	CLERK	7902	1980-12-17	800	NULL	20
2	7499	ALLEN	SALESMAN	7698	1981-2-20	1600	300	30
3	7521	WARD	SALESMAN	7698	1981-2-22	1250	500	30
4	7566	JONES	MANAGER	7839	1982-1-23	2975	NULL	20
5	7654	MARTIN	SALESMAN	7698	1981-4-2	1250	1400	30
6	7698	BLAKE	MANAGER	7839	1981-9-28	2850	NULL	30
7	7782	CLARK	MANAGER	7839	1981-5-1	2450	NULL	10
8	7788	SCOTT	ANALYST	7566	1981-6-9	3000	NULL	20
9	7839	KING	PRESIDENT	NULL	1987-4-19	5000	NULL	10
10	7844	TURNER	SALESMAN	7698	1981-11-17	1500	0	30
11	7876	ADAMS	CLERK	7788	1981-9-8	1100	NULL	20
12	7900	JAMES	CLERK	7698	1987-5-23	950	NULL	30
13	7902	FORD	ANALYST	7566	1981-12-3	3000	NULL	20
14	7934	MILLER	CLERK	7782	1981-12-3	1300	NULL	10
15	8360	刘备	领导	NULL	800-2-17	8000	NULL	80
16	8361	关羽	将军	8360	800-3-7	5500	NULL	90
17	8362	张飞	将军	8360	800-12-3	5000	NULL	60

图 9-3 EMP 表数据

	DEPTNO	DNAME
1	10	ACCOUNTING
2	20	RESEARCH
3	30	SALES
4	40	OPERATIONS
5	50	秘书处
6	60	总经理办公室

图 9-4 DEPT 表数据

9.2 内连接

视频讲解

两个表的连接在数学上就是两个集合的运算，那么两个表的内连接就是求两个表中数据集合的交集，如图 9-5 所示，表 1 和表 2 的交集是灰色区域。

例如，表 1 有 4 条数据，表 2 也有 4 条数据，如图 9-6 所示，ID 是它们的匹配字段。连接后仅找到 A 和 C 两条匹配数据，因为表 2 中不存在 B 和 D，而表 1 中不存在 E 和 F。

表1

ID	Num1
A	1
B	2
C	3
D	4

表2

ID	Num2
A	5
C	6
E	7
F	8

结果

ID	Num1	Num2
A	1	5
C	3	6

图 9-5　内连接

图 9-6　内连接结果

9.2.1　内连接语法 1

内连接语法有两种形式，语法 1 如下。

```
SELECT 表1.字段1,表1.字段2,表2.字段1,…
FROM 表1 表2
WHERE 表1.匹配字段 = 表2.匹配字段;
```

语法 1 中表连接的连接条件添加在 WHERE 子句中，其中匹配字段是两个表连接字段。从业务层面而言，它们应该是有关联关系的外键；但从语法层面而言，只要是数据类型一致的字段都可以作为连接字段。9.1.1 节示例采用的就是语法 1。

9.2.2　内连接语法 2

视频讲解

内连接语法 2 如下。

```
SELECT 表1.字段1,表1.字段2,表2.字段1,…
FROM 表1
INNER JOIN 表2
ON 表1.匹配字段 = 表2.匹配字段;
```

语法 2 采用了 INNER JOIN ON 关键字实现内连接，其中 INNER JOIN 中的 INNER 可以省略，ON 后为表连接的连接条件。

采用语法 2 重新实现 9.1.1 节示例，实现代码如下。

```
-- 代码文件: chapter9/9.2/9.2.2 内连接语法2
-- 语法2重新实现9.1.1节示例
SELECT *
FROM EMP e
```

```
        INNER JOIN DEPT d ON e.DEPTNO = d.DEPTNO;

-- 或省略 INNER 关键字

SELECT *
FROM EMP e
        INNER JOIN DEPT d ON e.DEPTNO = d.DEPTNO;
```

上述代码还可以省略 INNER 关键字，执行结果参考 9.1.1 节。

9.2.3 示例：找出部门在纽约的所有员工姓名

下面通过示例熟悉内连接的使用。

假设有这样的需求：你的老板让你查询出部门在纽约的所有员工姓名。从图 4-2 所示的 SCOTT 用户 E-R 图可知员工表中没有所在地，只有一个部门编号，而部门表中有部门所在位置，即所在地。如何解决这个问题？读者首先会想到使用子查询实现，这是解决该问题的方法之一。还可以通过表连接实现，代码如下。

```
-- 代码文件: chapter9/9.2/9.2.3.sql
-- 找出部门在纽约的所有员工姓名
SELECT e.empno, e.ename, d.dname, d.loc
FROM EMP e
    INNER JOIN DEPT d ON e.deptno = d.deptno
WHERE d.loc = 'NEW YORK';

-- 采用语法 1 实现
SELECT *
FROM EMP e, DEPT d
WHERE e.DEPTNO = d.DEPTNO;
SELECT *
FROM EMP e
        JOIN DEPT d ON e.DEPTNO = d.DEPTNO;
```

上述代码在使用 INNER JOIN 内连接的基础上增加了 WHERE 子句，在查询指定字段时使用的语法是"表名或表别名.字段"。查询结果如图 9-7 所示，可见返回 3 条数据。

如果采用内连接的语法 2 实现，代码如下。

```
-- 代码文件: chapter9/9.2/9.2.3.sql
-- 找出部门在纽约的所有员工姓名
-- ***********语法 2 实现***********
SELECT *
FROM EMP e, DEPT d
WHERE e.deptno = d.deptno
    AND d.loc = 'NEW YORK';
```

	empno	ename	dname
1	7782	CLARK	ACCOUNTING
2	7839	KING	ACCOUNTING
3	7934	MILLER	ACCOUNTING

图 9-7 内连接查询结果

上述代码使用了逻辑与（AND）运算符将表连接条件和其他的筛选条件连接起来。

9.3 左连接

表 1 和表 2 的左连接如图 9-8 所示,其中灰色区域为左连接数据集合。

表 1 和表 2 的左连接结果是连接表 1 中的匹配数据,如果表 2 中没有匹配数据(B 和 D),则用 NULL 填补,左连接结果如图 9-9 所示。

表1

ID	Num1
A	1
B	2
C	3
D	4

表2

ID	Num2
A	5
C	6
E	7
F	8

结果

ID	Num1	Num2
A	1	5
B	2	NULL
C	3	6
D	4	NULL

图 9-8 左连接

图 9-9 左连接结果

9.3.1 左连接语法

左连接语法如下。

```
SELECT 表 1.字段 1,表 1.字段 2,表 2.字段 1,…
FROM 表 1
[OUTER] LEFT JOIN 表 2
ON 表 1.匹配字段 = 表 2.匹配字段;
```

可见左连接使用关键字 OUTER LEFT JOIN ON 实现,与内连接相比,将 INNER 换成了 LEFT,另外,OUTER 关键字通常会省略。

9.3.2 示例:员工表与部门表的左连接查询

示例实现代码如下。

```
-- 代码文件: chapter9/9.3/9.3.2.sql
-- 9.3.2 示例: 员工表与部门表的左连接查询
SELECT e.empno, e.ename, d.dname, d.loc
FROM EMP e
     LEFT JOIN DEPT d ON e.deptno = d.deptno;
```

员工表与部门表的左连接查询结果如图 9-10 所示。员工表有 17 条数据,其中在部门(DEPT)表中没有匹配的数据会用 NULL 填充。

	empno	ename	dname
1	7369	SMITH	RESEARCH
2	7499	ALLEN	SALES
3	7521	WARD	SALES
4	7566	JONES	RESEARCH
5	7654	MARTIN	SALES
6	7698	BLAKE	SALES
7	7782	CLARK	ACCOUNTING
8	7788	SCOTT	RESEARCH
9	7839	KING	ACCOUNTING
10	7844	TURNER	SALES
11	7876	ADAMS	RESEARCH
12	7900	JAMES	SALES
13	7902	FORD	RESEARCH
14	7934	MILLER	ACCOUNTING
15	8360	刘备	NULL
16	8361	关羽	NULL
17	8362	张飞	总经理办公室

图 9-10　左连接查询结果

视频讲解

9.4　右连接

表 1 和表 2 的右连接如图 9-11 所示，其中灰色区域为右连接数据集合。

表 1 和表 2 的右连接结果是连接表 2 中的匹配数据，如果表 1 中没有匹配数据（E 和 F），则使用 NULL 填补，右连接结果如图 9-12 所示。

表1

ID	Num1
A	1
B	2
C	3
D	4

表2

ID	Num2
A	5
C	6
E	7
F	8

结果

ID	Num1	Num2
A	1	5
C	3	6
E	NULL	7
F	NULL	8

图 9-11　右连接

图 9-12　右连接结果

9.4.1 右连接语法

右连接语法如下。

```
SELECT 表 1.字段 1,表 1.字段 2,表 2.字段 1,…
FROM 表 1
[OUTER] RIGHT JOIN 表 2
ON 表 1.匹配字段 = 表 2.匹配字段;
```

可见右连接使用关键字 OUTER RIGHT JOIN ON 实现,与内连接相比,将 INNER 换成了 RIGHT。另外,OUTER 关键字通常会省略。

9.4.2 示例:员工表与部门表的右连接查询

示例实现代码如下。

```
-- 代码文件:chapter9/9.4/9.4.2.sql
-- 9.4.2 示例:员工表与部门表的右连接查询
SELECT e.empno, e.ename, d.deptno, d.dname, d.loc
FROM EMP e
    RIGHT JOIN DEPT d ON e.deptno = d.deptno;
```

员工表与部门表的右连接结果如图 9-13 所示,员工表有 17 条数据,其中第 15 行和第 16 行两条数据在部门(DEPT)表中没有匹配的数据,所以会用 NULL 填充。

	empno	ename	deptno	dname	loc
1	7934	MILLER	10	ACCOUNTING	NEW YORK
2	7839	KING	10	ACCOUNTING	NEW YORK
3	7782	CLARK	10	ACCOUNTING	NEW YORK
4	7902	FORD	20	RESEARCH	DALLAS
5	7876	ADAMS	20	RESEARCH	DALLAS
6	7788	SCOTT	20	RESEARCH	DALLAS
7	7566	JONES	20	RESEARCH	DALLAS
8	7369	SMITH	20	RESEARCH	DALLAS
9	7900	JAMES	30	SALES	CHICAGO
10	7844	TURNER	30	SALES	CHICAGO
11	7698	BLAKE	30	SALES	CHICAGO
12	7654	MARTIN	30	SALES	CHICAGO
13	7521	WARD	30	SALES	CHICAGO
14	7499	ALLEN	30	SALES	CHICAGO
15	NULL	NULL	40	OPERATIONS	BOSTON
16	NULL	NULL	50	秘书处	上海
17	8362	张飞	60	总经理办公室	北京

图 9-13 右连接结果

◎*注意* 由于右连接可以使用左连接替代,因此有些数据库不支持右链接(如 SQLite 数据库等),而且大部分开发人员也习惯使用左连接,所以左连接最为常见。

使用左连接替代上述右连接,代码如下。

```
-- 用左连接替代右连接
```

```
SELECT e.empno, e.ename, d.deptno, d.dname, d.loc
FROM DEPT d
    LEFT JOIN EMP e ON e.deptno = d.deptno;
```

可见，只要把表1和表2调换，关键字换成 LEFT JOIN 即可。读者可以自己测试一下，看看代码运行结果是否一致。

视频讲解

9.5 全连接

表1和表2的全连接如图9-14所示，其中灰色区域为两个表数据集合的并集。

表1和表2的全连接结果是将两个表所有数据全返回，有不匹配的数据使用 NULL 填充，如图9-15所示。

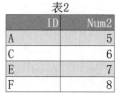

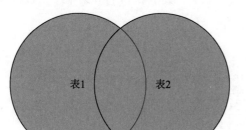

图 9-14 全连接

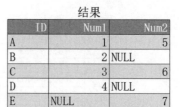

图 9-15 全连接结果

9.5.1 全连接语法

不同数据库的全连接语法差别比较大。

1. Oracle全连接

Oracle 使用 FULL JOIN 关键字实现全连接，语法形式如下。

```
SELECT 表1.字段1,表1.字段2,表2.字段1,…
FROM 表1
FULL JOIN 表2
ON 表1.匹配字段 = 表2.匹配字段;
```

2. MySQL全连接

MySQL 不支持 FULL JOIN，可以使用 UNION（联合）运算符将左连接和右连接联合起来。

9.5.2 示例：员工表与部门表的全连接查询

MySQL 数据库实现全连接示例代码如下。

```
-- 代码文件: chapter9/9.5/9.5.2.sql
-- 示例: 员工表与部门表的全连接查询
SELECT e.empno, e.ename, d.deptno, d.dname, d.loc        ①
FROM EMP e
    LEFT JOIN DEPT d ON e.deptno = d.deptno              ②
UNION
SELECT e.empno, e.ename, d.deptno, d.dname, d.loc        ③
FROM EMP e
    RIGHT JOIN DEPT d ON e.deptno = d.deptno             ④
```

代码①和代码②是左连接查询，代码③和代码④是右连接查询，它们通过 UNION 运算符联合起来。

员工表与部门表的全连接查询结果如图 9-16 所示，查询出 19 条数据，其中第 15 行和第 16 行两条数据在部门（DEPT）表中没有匹配的数据，所以用 NULL 填充，而第 18 行和第 19 行在员工表（EMP）表中没有匹配的数据，所以也用 NULL 填充。

	empno	ename	deptno	dname	loc
1	7369	SMITH	20	RESEARCH	DALLAS
2	7499	ALLEN	30	SALES	CHICAGO
3	7521	WARD	30	SALES	CHICAGO
4	7566	JONES	20	RESEARCH	DALLAS
5	7654	MARTIN	30	SALES	CHICAGO
6	7698	BLAKE	30	SALES	CHICAGO
7	7782	CLARK	10	ACCOUNTING	NEW YORK
8	7788	SCOTT	20	RESEARCH	DALLAS
9	7839	KING	10	ACCOUNTING	NEW YORK
10	7844	TURNER	30	SALES	CHICAGO
11	7876	ADAMS	20	RESEARCH	DALLAS
12	7900	JAMES	30	SALES	CHICAGO
13	7902	FORD	20	RESEARCH	DALLAS
14	7934	MILLER	10	ACCOUNTING	NEW YORK
15	8360	刘备	NULL	NULL	NULL
16	8361	关羽	NULL	NULL	NULL
17	8362	张飞	60	总经理办公室	北京
18	NULL	NULL	40	OPERATIONS	BOSTON
19	NULL	NULL	50	秘书处	上海

图 9-16 全连接结果

9.6 交叉连接

交叉连接是将一个表的每行与另一个表的每行组合在一起。例如，员工表（EMP）中有 17 条数据，部门表（DEPT）中有 6 条数据，那么这两个表的交叉连接结果是返回 102 条数据。

视频讲解

9.6.1　交叉连接语法 1

交叉连接有两种语法形式，其中语法 1 如下。

```
SELECT 表1.字段1,表1.字段2,表2.字段1,…
FROM 表1 表2;
```

可见，如果将内连接语法 1 的如下连接条件删除，就是交叉连接了。

```
WHERE 表1.匹配字段 = 表2.匹配字段
```

采用语法 1 实现代码如下。

```
-- 代码文件：chapter9/9.6/19.6.1.sql
-- 交叉连接语法1
SELECT *
FROM EMP e, DEPT d;
```

上述代码是将员工表和部门表交叉连接，可见是没有连接条件的，代码执行结果如图 9-17 所示，返回 102 条数据。

	EMPNO	ENAME	JOB	MGR	HIREDATE	SAL	comm	DEPTNO	DEPTNO	DNAME	loc
1	7369	SMITH	CLERK	7902	29572	800	NULL	20	60	总经理办公室	北京
2	7369	SMITH	CLERK	7902	29572	800	NULL	20	50	秘书处	上海
3	7369	SMITH	CLERK	7902	29572	800	NULL	20	40	OPERATIONS	BOSTON
4	7369	SMITH	CLERK	7902	29572	800	NULL	20	30	SALES	CHICAGO
…	…	…	…	…	…	…	…	…	…	…	…
85	8360	刘备	领导	NULL	800-2-17	8000	NULL	80	60	总经理办公室	北京
86	8360	刘备	领导	NULL	800-2-17	8000	NULL	80	50	秘书处	上海
87	8360	刘备	领导	NULL	800-2-17	8000	NULL	80	40	OPERATIONS	BOSTON
88	8360	刘备	领导	NULL	800-2-17	8000	NULL	80	30	SALES	CHICAGO
89	8360	刘备	领导	NULL	800-2-17	8000	NULL	80	20	RESEARCH	DALLAS
90	8360	刘备	领导	NULL	800-2-17	8000	NULL	80	10	ACCOUNTING	NEW YORK
91	8361	关羽	将军	8360	800-3-7	5500	NULL	90	60	总经理办公室	北京
92	8361	关羽	将军	8360	800-3-7	5500	NULL	90	50	秘书处	上海
93	8361	关羽	将军	8360	800-3-7	5500	NULL	90	40	OPERATIONS	BOSTON
94	8361	关羽	将军	8360	800-3-7	5500	NULL	90	30	SALES	CHICAGO
95	8361	关羽	将军	8360	800-3-7	5500	NULL	90	20	RESEARCH	DALLAS
96	8361	关羽	将军	8360	800-3-7	5500	NULL	90	10	ACCOUNTING	NEW YORK
97	8362	张飞	将军	8360	800-12-3	5000	NULL	60	60	总经理办公室	北京
98	8362	张飞	将军	8360	800-12-3	5000	NULL	60	50	秘书处	上海
99	8362	张飞	将军	8360	800-12-3	5000	NULL	60	40	OPERATIONS	BOSTON
100	8362	张飞	将军	8360	800-12-3	5000	NULL	60	30	SALES	CHICAGO
101	8362	张飞	将军	8360	800-12-3	5000	NULL	60	20	RESEARCH	DALLAS
102	8362	张飞	将军	8360	800-12-3	5000	NULL	60	10	ACCOUNTING	NEW YORK

图 9-17　交叉连接结果

9.6.2　交叉连接语法 2

交叉连接语法 2 如下。

```
SELECT 表1.字段1,表1.字段2,表2.字段1,…
FROM 表1
CROSS JOIN 表2;
```

可见，如果将内连接语法 2 的如下连接条件删除，并将 INNER 关键字替换为 CROSS，就是交叉连接。

ON 表 1.匹配字段 = 表 2.匹配字段

采用语法 2 实现代码如下。

```
-- 语法 2 实现交叉连接
SELECT  *
FROM EMP e
     CROSS JOIN DEPT d;
```

上述代码执行结果如图 9-17 所示，与语法 1 一致。

◎**注意** 交叉连接的语法 2 形式在很多数据库中是不支持的（如 SQLite 数据库等），而语法 1 形式多数数据库都是支持的。

◎**提示** 大多数时候，没有连接条件的笛卡儿积既无现实意义，又非常影响性能。但有一个场景适用笛卡儿积，即使用笛卡儿积生成大量数据，用于测试数据库。

本章小结

本章重点介绍 SQL 中的表连接，包括内连接、左连接、右连接、全连接和交叉连接。

第2篇 MySQL 数据库管理系统

本篇包括4章内容，介绍 MySQL 数据库管理系统相关知识。主要内容包括 MySQL 数据库管理系统安装、日常管理、MySQL 中特有的 SQL 语句和 MySQL 数据库开发。

第 10 章 MySQL 数据库管理系统安装

第 11 章 MySQL 数据库管理系统日常管理

第 12 章 MySQL 中特有的 SQL 语句

第 13 章 MySQL 数据库开发

MySQL 数据库管理系统安装

前面多次提到 MySQL 数据库，本章就来详细介绍 MySQL 数据库管理系统。

10.1 MySQL 概述

视频讲解

MySQL 最早是由瑞典 MySQL AB 公司开发，1995 年发布第 1 个版本，2000 年基于 GPL 协议开放源码，2008 年 MySQL AB 公司被 Sun 公司收购，2009 年 Sun 公司又被 Oracle 公司收购。所以，目前 MySQL 是由 Oracle 公司负责技术支持。

MySQL 是一个真正的多用户、多线程 SQL 数据库服务器。MySQL 是以一个客户端/服务器结构的实现，它由一个服务器守护程序 MySQL d 和很多不同的客户程序和库组成。同时，MySQL 也足够快和灵活，允许存储文件和图像等数据。MySQL 的主要目标是快速、健壮和易用。

10.1.1 MySQL 的主要特点

MySQL 有很多优秀的特点，下面重点介绍一些主要特点。

（1）使用多线程方式，这意味着它能很充分地利用 CPU。

（2）可运行在不同的平台上，如 Windows、Linux、macOS 和 UNIX 等多种操作系统。

（3）多种数据类型，提供了 1、2、3、4 和 8B 长度的有符号/无符号整数，以及 FLOAT、DOUBLE、CHAR、VARCHAR、TEXT、BLOB、DATE、TIME、DATETIME、TIMESTAMP、YEAR、SET 和 ENUM 类型。

（4）全面支持 SQL-92 标准，如 GROUP BY、ORDER BY 子句，支持聚合函数（COUNT、AVG、STD、SUM、MAX 和 MIN），支持表连接的 LEFT OUTER JOIN 和 RIGHT OUTER JOIN 等语法。

（5）具有大数据处理能力，使用 MySQL 可以创建超过 5 千万条记录的数据库。

（6）支持多种不同的字符集。

（7）函数名不会与表或列（字段）名冲突。

10.1.2 MySQL 的主要版本

Oracle 公司收购 SUN 公司后，对 MySQL 提供了强大的技术支持，MySQL 发展出多种版本，主要的版本如下。

（1）社区版（MySQL Community Server）：开源免费，官方提供技术支持。

（2）企业版（MySQL Enterprise Edition）：需付费，可以试用 30 天。

（3）集群版（MySQL Cluster）：开源免费，可将几个 MySQL 服务器封装成一个服务器。

（4）高级集群版（MySQL Cluster CGE）：需付费。

10.2　MySQL 数据库安装和配置

MySQL 可运行在不同的平台上，如 Windows NT、Linux 和 UNIX 等操作系统，对于这些主流操作系统都有不同的安装文件。下面分别介绍 MySQL 8.0 社区版在几个不同操作系统中的安装和配置过程。

10.2.1　Windows 平台安装 MySQL

视频讲解

由于 Windows 平台是最简单的，所以先介绍如何在 Windows 平台上安装 MySQL 8.0 社区版。

1. 下载MySQL 8.0社区版

在安装 MySQL 之前，应该先下载，社区版下载地址是 https://dev.mysql.com/downloads/mysql/，如图 10-1所示，读者可以根据自己的情况选择不同的操作系统，选择好后单击 Go to Download Page >按钮进入如图 10-2 所示的详细下载页面。

图 10-1　MySQL 下载页面

在详细下载页面中可以切换到 Archives（归档）选项卡下载历史版本。另外，在详细下载页面有两种安装文件可供下载：离线安装文件、在线安装文件。

读者可以根据自己的喜好选择下载哪一种安装文件，本书选择离线安装文件。单击 Download 按钮可以下载，注意需要 Oracle 用户账号，并且需要登录成功才能下载，否则会先进入登录提示页面，如图 10-3 所示。如果有 Oracle 用户账号，可以单击 Login 按钮登录，如果没有账号，则可以单击 Sign Up 按钮先注册 Oracle 用户账号，然后登录后再下载。

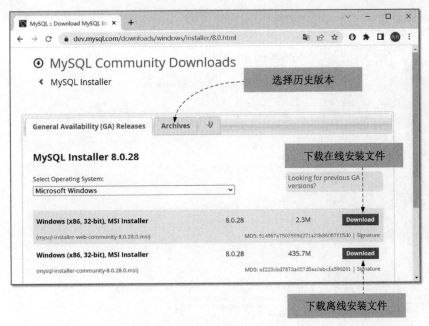

图 10-2　MySQL 下载详细页面

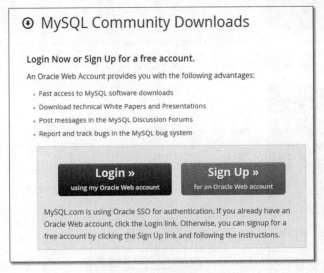

图 10-3　Oracle 登录提示页面

2. 安装MySQL 8.0社区版

下载成功后，双击安装文件就可以安装了。安装过程中的第 1 个对话框是安装类型选择对话框，如图 10-4 所示。在此对话框中可以选择安装类型，推荐选择自定义（Custom）类型，因为选择该类型比较灵活。

选择好安装类型后，单击 Next 按钮进入安装组件选择对话框，如图 10-5 所示。因为要安装 MySQL Server 8.0，所以选择 SQL Server 8.0.28 - X64 然后单击 按钮，将选择的组件添加到右侧待安装组件列表中，如图 10-6 所示。

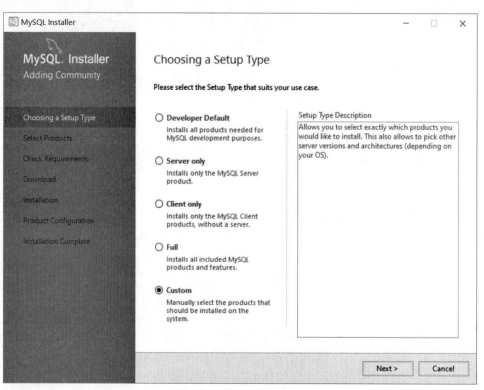

图 10-4　安装类型选择对话框

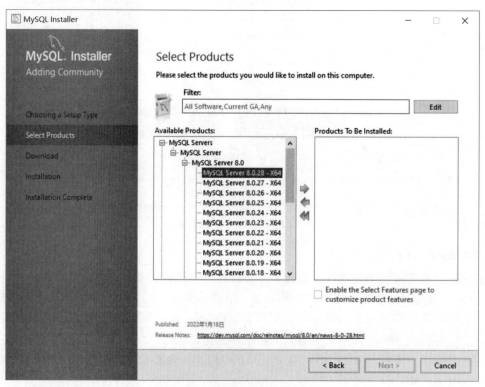

图 10-5　安装组件选择对话框

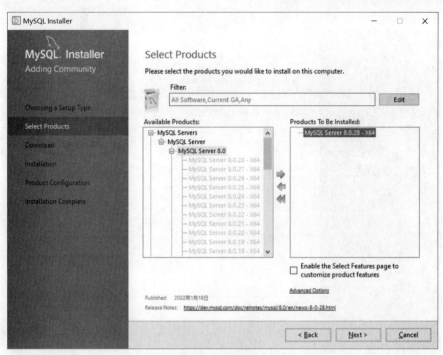

图 10-6　添加组件

　　选择好组件后，单击 Next 按钮进入如图 10-7 所示的下载组件对话框，在该对话框中会下载要安装的组件。下载完成后，Execute 按钮会处于可用状态，单击 Execute 按钮即可安装，进入如图 10-8 所示的安装完成对话框。

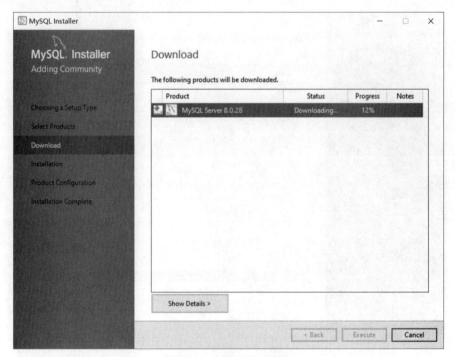

图 10-7　下载组件对话框

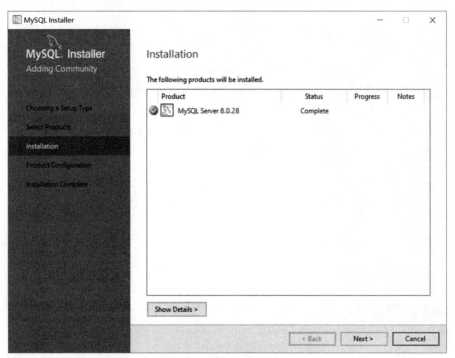

图 10-8　安装完成对话框

单击 Next 按钮，进入如图 10-9 所示的配置对话框。在该对话框中单击 Next 按钮，进入如图 10-10 所示的类型和网络配置对话框，在该对话框中可以选择配置 MySQL 服务器类型和设置服务端口等。

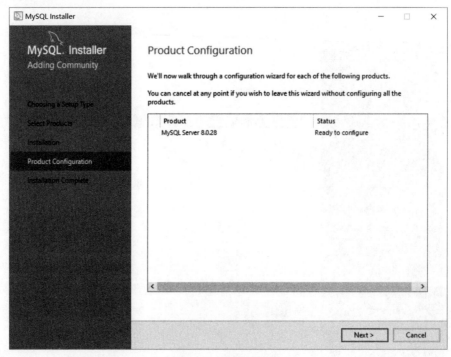

图 10-9　配置对话框

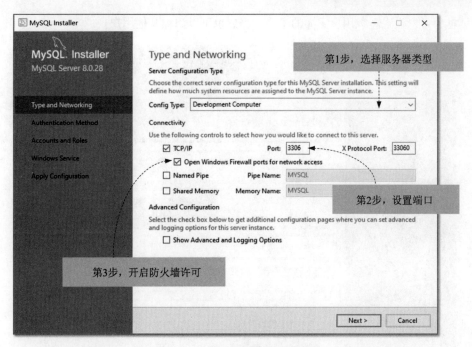

图 10-10　类型和网络配置对话框

有 3 种服务器类型可以选择，如图 10-11 所示，具体说明如下。

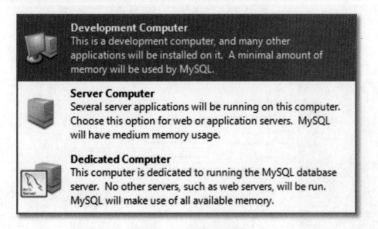

图 10-11　服务器类型

（1）Development Computer（开发机器）：该选项代表典型的个人用桌面工作站，将 MySQL 服务器配置成使用最少的系统资源。

（2）Server Computer（服务器）：该选项代表服务器，MySQL 服务器可以同其他应用程序一起运行，如 FTP、E-mail 和 Web 服务器。该选项会将 MySQL 服务器配置成使用适当比例的系统资源。

（3）Dedicated Computer（专用 MySQL 服务器）：该选项代表只运行 MySQL 服务的服务器，假定没有运行其他应用程序。该选项会将 MySQL 服务器配置成使用所有可用系统资源。

配置完成后，单击 Next 按钮进入身份验证方法（Authentication Method）对话框，如图 10-12 所示，MySQL 推荐使用强密码加密进行身份验证。选择完成后，单击 Next 按钮，进入如图 10-13 所示的账号和角色对话框，在该对话框中可以设置超级用户 root 的密码，当然也可以添加其他用户。

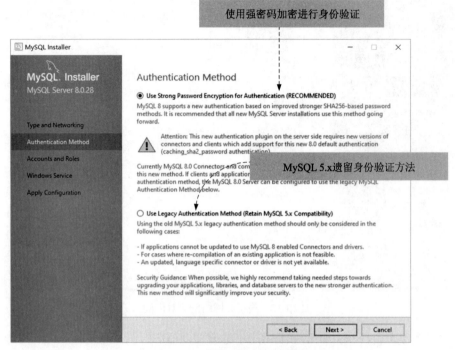

图 10-12　身份验证方法对话框

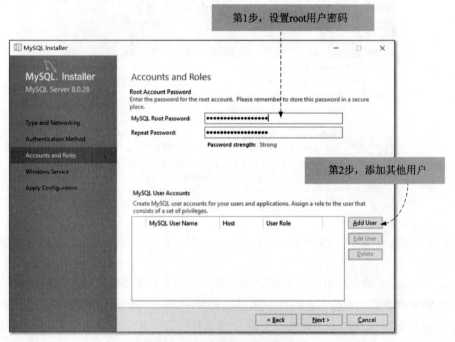

图 10-13　账号和角色对话框

单击 Add User 按钮，弹出如图 10-14 所示的创建新用户对话框，在创建新用户时，注意第 2 步是设置哪些客户端的主机可以访问该数据库服务器，其中%表示所有主机都可以访问。

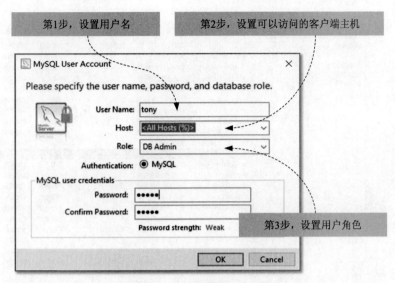

图 10-14　创建新用户对话框

账号和角色设置完成后，单击 Next 按钮，进入如图 10-15 所示的 Windows 服务名设置对话框，注意服务名不能与其他服务名冲突，这个非常重要。安装成功后，MySQL 服务会出现在 Windows 服务列表中，如图 10-16 所示。

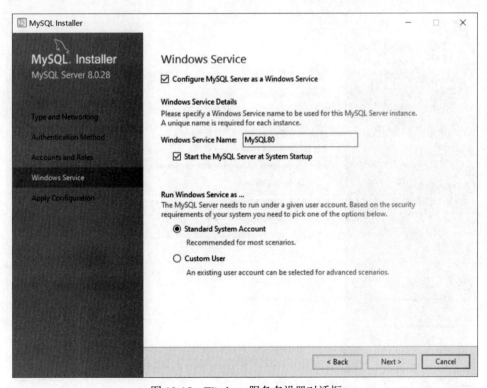

图 10-15　Windows 服务名设置对话框

图 10-16　Windows 服务列表

　　在保证 Windows 服务名不冲突的情况下，在图 10-15 对话框中单击 Next 按钮，进入如图 10-17 所示的应用配置（Apply Configuration）对话框，单击 Execute 按钮开始执行配置，如果没有发生错误，则会配置成功，进入如图 10-18 所示的配置成功对话框。

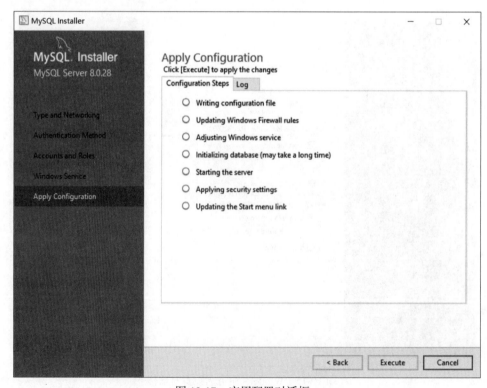

图 10-17　应用配置对话框

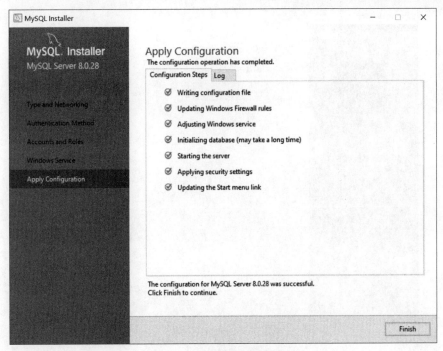

图 10-18　配置成功对话框

单击 Finish 按钮，进入如图 10-19 所示的产品配置对话框。

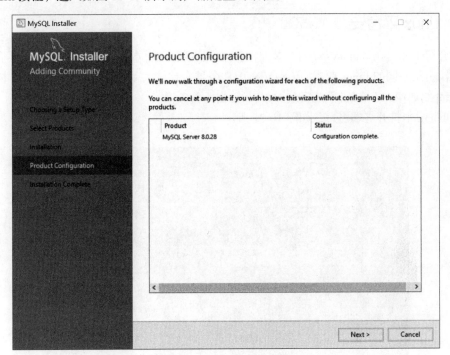

图 10-19　产品配置对话框

单击 Next 按钮完成产品配置，进入如图 10-20 所示的完成对话框，单击 Finish 按钮关闭对话框，至此 MySQL 服务器已经安装并配置完成。

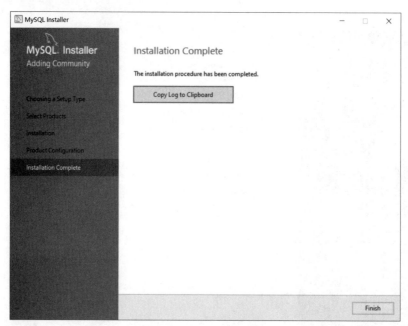

图 10-20　完成对话框

安装完成后可以打开 Windows 服务，查看一下是否有刚刚安装的 MySQL 的服务，如图 10-16 所示，列表中的 MySQL80 就是刚刚安装的 MySQL 服务。

视频讲解

10.2.2　Linux 平台安装 MySQL

10.2.1 节介绍了如何在 Windows 平台安装 MySQL 数据库服务器，本节介绍如何在 Linux 平台安装 MySQL 数据库服务器。由于不同的 Linux 版本，安装 MySQL 服务器有比较大差别，考虑到 Ubuntu 版本用户比较多，所以本书重点介绍如何在 Ubuntu 系统安装 MySQL 数据库服务器。

首先在 Ubuntu 中打开终端窗口，如图 10-21 所示。

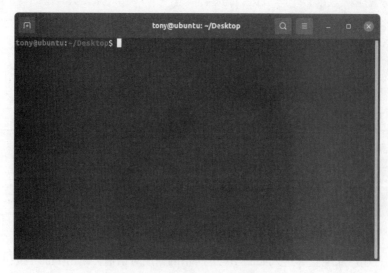

图 10-21　打开 Ubuntu 终端窗口

1. 更新软件仓库包索引

在 Ubuntu 终端执行如下指令，更新 Ubuntu 本地的软件仓库包索引，结果如图 10-22 所示。

```
$ sudo apt update
```

图 10-22　更新软件仓库包索引

2. 安装 MySQL

本地软件仓库包索引更新完成后，可以通过如下指令安装 MySQL，执行过程如图 10-23 所示。

```
$ sudo apt-get install mysql-server
```

图 10-23　安装 MySQL

3. 防火墙设置

MySQL 安装完成后，还需要配置防火墙，将 MySQL 服务器添加到防火墙允许访问列表中。具体指令如下，执行过程如图 10-24 所示。

```
$ sudo ufw enable
$ sudo ufw allow mysql
```

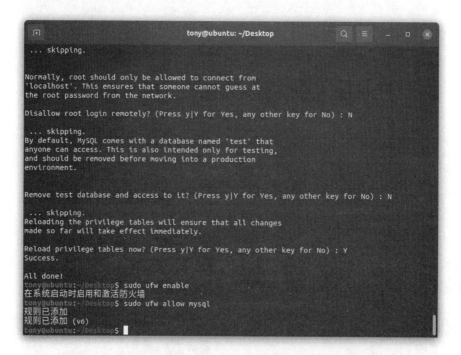

图 10-24　防火墙设置

4. 启动MySQL服务

设置完成后，要启动 MySQL 服务，使用如下指令实现启动 MySQL 服务。

```
$ sudo systemctl start mysql
```

为了保证每次系统启动后 MySQL 服务也会启动，则需要使用如下指令实现，执行过程如图 10-25 所示。

```
$ sudo systemctl enable mysql
```

5. 配置远程登录

出于开发或管理 MySQL 的目的，开发人员经常需要从 MySQL 服务器之外的客户端以 root 身份远程登录 MySQL 服务器，实现过程如下。

1）登录 MySQL 服务器

在终端中通过如下指令登录 MySQL 服务器，执行过程如图 10-26 所示。登录成功，可见 MySQL 命令提示符 "mysql>"。

```
$ sudo mysql
```

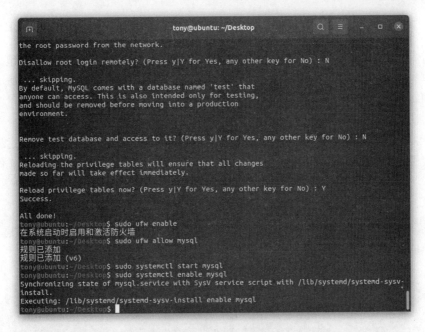

图 10-25　启动 MySQL 服务

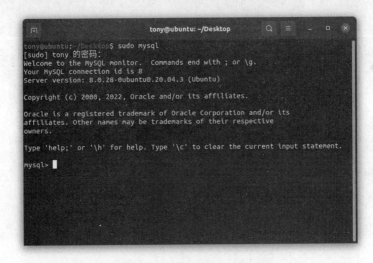

图 10-26　登录 MySQL 服务器

2）修改 root 用户密码

在 MySQL 中使用 ALTER USER 命令修改 root 用户密码，具体命令如下。

```
ALTER USER 'root'@'localhost' IDENTIFIED WITH mysql_native_password BY '5DAZ8maHw^
P*45@n';
```

其中，5DAZ8maHw^P*45@n 是密码，密码应该用英文半角单引号包裹起来。另外，MySQL 默认密码安全级别是中等（MEDIUM）级别，中等级别要求密码长度大于 8 位，由数字、大小写混合和特殊字符构成。

3）更新用户授权表

在 MySQL 中将用户授权信息保存在 user 表中，为了远程登录，需要通过如下 SQL 指令修改。

```
use mysql;                                                  ①
update user set host ='%' where user = 'root';             ②
```

代码①是进入 mysql 库中，MySQL 数据库中有"库"（DataBase）的概念对象，库中包括若干表，因此为了访问表，首先要进入库（use 命令即为进入库）。代码②通过 update 指令更新 user 表，更新 host 字段为'%'，%表示可以在任何主机登录，如果是本机登录，则是'localhost'。

4）解除本机绑定

默认情况下，MySQL 配置为本机绑定，即只能在本机访问 MySQL 服务器，为了能在远程客户端访问服务器，需要修改 MySQL 服务器配置文件 mysqld.cnf。使用文本编辑工具打开 mysqld.cnf 文件。在终端中执行如下指令。

```
sudo  vi /etc/mysql/mysql.conf.d/mysqld.cnf
```

其中，vi 是 Linux 下的文本编辑工具。打开 mysqld.cnf 文件后，找到 bind-address = 127.0.0.1 行，使用#符号注释掉这一行代码，如图 10-27 所示，修改完成后保存退出。

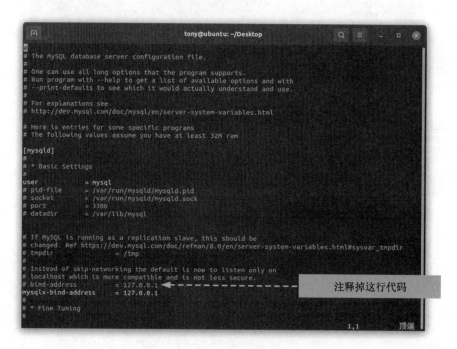

图 10-27　修改 mysqld.cnf 文件

5）测试安装

退出后重启服务器主机，然后可以测试一下是否安装成功。在 MySQL 服务器命令提示符中输入如下指令。

```
$ mysql -h 192.168.57.129 -u root -p
```

其中，-h 参数是指定主机地址；192.168.57.129 是服务器的 IP 地址；-u 参数是指定用户；-p 参数是设置密码，按 Enter 键后再输入密码。

6）增加用户

由于 root 用户是超级管理员，肆无忌惮地使用 root 用户会有安全隐患，因此有时需要创建普通用户，根据需要再设置其权限。

增加用户包括两个层面的问题：一个是创建用户并设置密码，另一个是为用户分配权限。

下面通过一个示例介绍如果创建一个普通用户，用户名为 tony。

（1）创建用户。

在 MySQL 中使用 CREATE USER 命令创建用户，以下 SQL 指令是创建 tony 用户。

```
CREATE USER 'tony'@'%' IDENTIFIED BY '12345';
```

其中，12345 是密码；'%'表示该用户可以在任何主机登录。

（2）用户授权。

用户创建好之后，还需要给为其授权，GRANT 命令可为用户分配权限。具体指令如下，将所有权限分配给 tony 用户。

```
GRANT ALL PRIVILEGES ON * . * TO 'tony'@'%';
FLUSH PRIVILEGES;
```

授权完成后，还要使用 FLUSH PRIVILEGES 命令更新权限表。

10.2.3　macOS 平台安装 MySQL

10.2.1 节和 10.2.2 节分别介绍了在 Windows 和 Linux 平台下安装 MySQL 数据库服务器。考虑到 macOS 平台用户也比较多，所以本节介绍如何在 macOS 系统安装 MySQL 服务器。

视频讲解

1. 下载MySQL 8.0社区版

首先参考 10.2.1 节下载基于 macOS 系统的 MySQL 安装文件，如图 10-28 所示。注意，要根据 CPU 选择不同 macOS 版本，现在很多 Mac 计算机都是 ARM CPU，本书下载的是 mysql-8.0.28-macos11-x86_64.dmg 文件。如图 10-29 所示，DMG 文件是 macOS 系统的一种压缩文件。

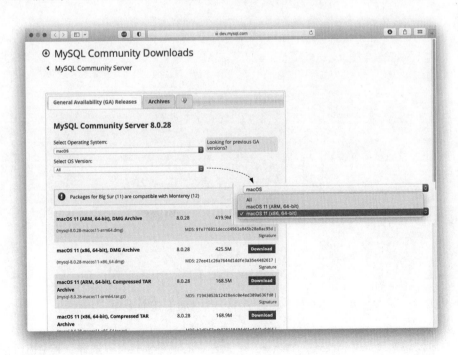

图 10-28　MySQL macOS 版本下载页面

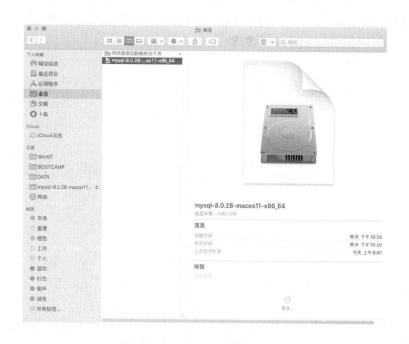

图 10-29　DMG 文件

2. 安装MySQL

双击 DMG 文件，如图 10-30 所示，可以看到一个 PKG 文件，事实上这个 PKG 文件才是真正的安装文件包。

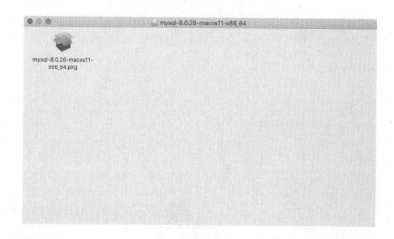

图 10-30　PKG 文件

双击这个 PKG 文件开始安装。安装过程比较简单，注意如下几个步骤。

1）设置密码模式

在安装最后阶段需要设置密码模式，如图 10-31 所示，有两种模式可以选择，其中遗留密码模式是针对 MySQL 5 版本，MySQL 8 推荐使用强密码模式。

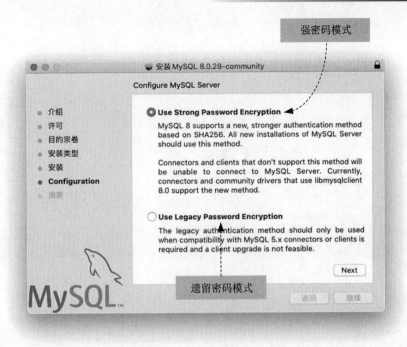

图 10-31　选择密码模式

2）设置密码模式

设置密码模式后，单击 Next 按钮，进入如图 10-32 所示的设置 root 密码对话框，这里设置的密码要包括数字、字母和特殊字符，而且长度大于 8 位，输入密码后单击 Finish 按钮，MySQL 就安装好了。MySQL 安装好之后，可以在系统偏好设置中看到有关 MySQL 的设置，如图 10-33 所示。

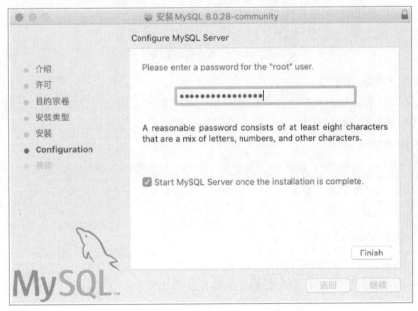

图 10-32　设置 root 密码

图 10-33　系统偏好设置

3）启动和停止 MySQL 服务器

在系统偏好设置中单击 MySQL，弹出如图 10-34 所示的 MySQL 偏好设置对话框，在这个对话框中可以停止或启动 MySQL 服务器、初始化 MySQL 服务器以及卸载 MySQL 服务器。

3. 设置系统环境变量

为了能够在终端中管理 MySQL 服务器，需要将 MySQL 的安装路径添加到环境变量 PATH 中。在终端中通过如下指令打开 macOS 配置文件。

```
open ~/.zshrc
```

在文件的最后添加如下内容。

```
PATH=$PATH:/usr/local/mysql/bin
```

其中，:/usr/local/mysql/bin 是 MySQL 服务器的安装路径。添加完成后保存退出。为了能使配置马上生效，则需要执行如下指令。

```
source ~/.zshrc
```

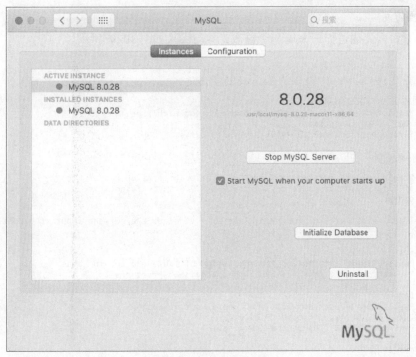

图 10-34　MySQL 偏好设置

4. 登录MySQL服务器

在终端中执行如下指令登录 MySQL 服务器，如图 10-35 所示。登录成功后，可见 MySQL 命令提示符
"mysql>"。

```
mysql -uroot -p
```

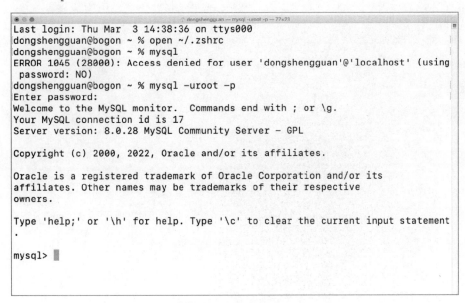

图 10-35　启动 MySQL

5. 设置远程访问

为了远程登录，需要通过如下 SQL 指令修改，执行结果如图 10-36 所示。

```
use mysql;
update user set host ='%' where user = 'root';
```

```
                    dongshengguan — mysql -uroot -p — 77×23
Welcome to the MySQL monitor.  Commands end with ; or \g.
Your MySQL connection id is 17
Server version: 8.0.28 MySQL Community Server - GPL

Copyright (c) 2000, 2022, Oracle and/or its affiliates.

Oracle is a registered trademark of Oracle Corporation and/or its
affiliates. Other names may be trademarks of their respective
owners.

Type 'help;' or '\h' for help. Type '\c' to clear the current input statement
.

mysql> use mysql;
Reading table information for completion of table and column names
You can turn off this feature to get a quicker startup with -A

Database changed
mysql> update user set host ='%' where user = 'root';
Query OK, 0 rows affected (0.01 sec)
Rows matched: 1  Changed: 0  Warnings: 0

mysql>
```

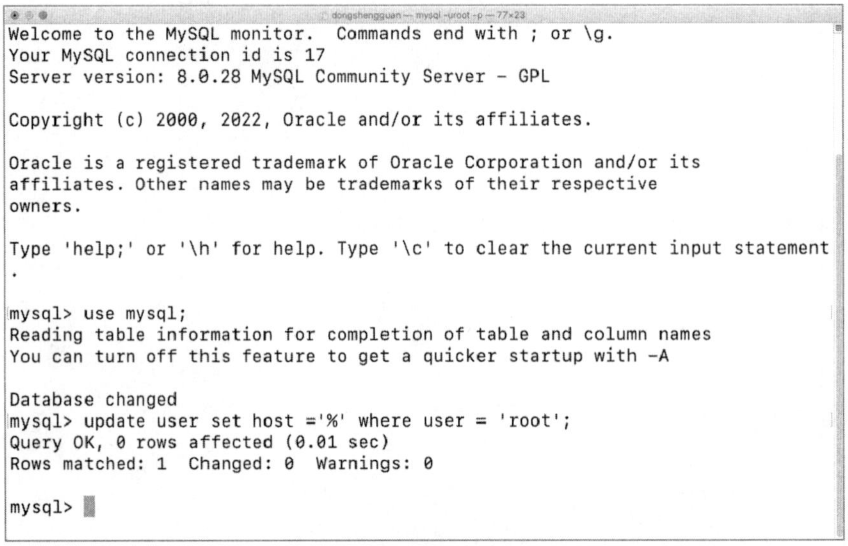

图 10-36　设置远程访问

本章小结

本章重点介绍 MySQL 数据库管理系统的安装，包括在 Windows、Linux 和 macOS 等平台的安装和配置过程。

第 11 章
CHAPTER 11

MySQL 数据库管理系统

日常管理

第 10 章介绍了 MySQL 数据库的安装，本章介绍一些 MySQL 日常管理，主要包括：

（1）登录服务器；

（2）常见的管理命令；

（3）用户管理；

（4）查看系统对象信息；

（5）执行脚本文件；

（6）数据库备份与恢复。

11.1 登录服务器

视频讲解

无论使用命令提示符窗口（macOS 和 Linux 系统中的终端窗口），还是使用客户端工具管理 MySQL 数据库，都需要登录 MySQL 服务器。

事实上，在 10.2 节中已经介绍了使用命令提示符窗口登录服务器。完整的指令如下。

```
mysql -h 主机 IP 地址（主机名） -u 用户 -p
```

-h 是指定要登录的服务器主机名或 IP 地址，可以是远程的一个服务器主机。注意，-h 后面可以没有空格。如果是本机登录，可以省略。

-u 是指定登录服务器的用户，这个用户一定是数据库中存在的，并且具有登录服务器的权限。注意，-u 后面可以没有空格。

-p 是指定与用户对应的密码，可以直接在-p 后输入密码，也可以按 Enter 键后再输入密码。

如果想登录本机数据库，用户是 root，密码是 12345，那么至少有如下 6 种指令可以登录数据库。

```
mysql -u root -p
mysql -u root -p12345
mysql -u root -p12345
mysql -h localhost -u root -p
mysql -h localhost -u root -p12345
mysql -h localhost -u root -p12345
```

如图 11-1 所示，通过 mysql -hlocalhost -uroot -p12345 指令登录服务器。

💡**提示** 如果提示 "'mysql'不是内部或外部命令，也不是可运行的程序" 错误，说明没有将 mysql 的 bin 目录添加到环境变量 PATH 中，则需要编辑环境变量 PATH，如图 11-2 所示。

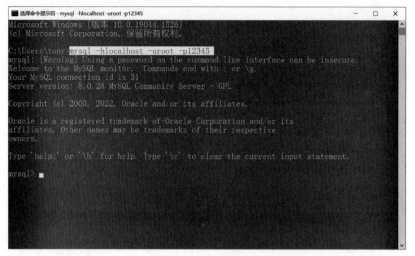

图 11-1　登录服务器

图 11-2　编辑环境变量 PATH

视频讲解

11.2　常见的管理命令

管理 MySQL 数据库，需要了解一些常用的命令。

11.2.1　帮助命令

首先应该熟悉的就是 help（帮助）命令。help 命令能够列出 MySQL 其他命令的帮助。在 MySQL 客户端中输入 help，不需要分号结尾，直接按 Enter 键，结果如图 11-3 所示。这里都是 MySQL 的管理命令，这些命令大部分不需要分号结尾。

11.2.2　退出命令

从客户端中退出，可以在客户端命令行中使用 quit 或 exit 命令，如图 11-4 所示。这两个命令也不需要分号结尾。

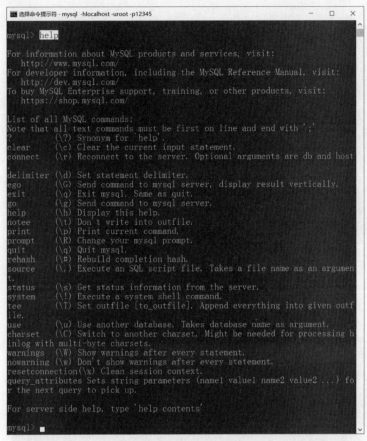

图 11-3　执行 help 命令

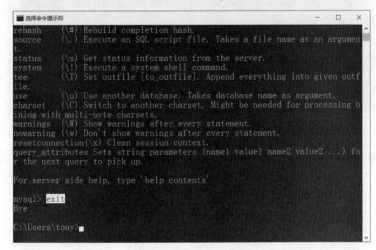

图 11-4　执行退出命令

11.2.3 数据库管理

在使用数据库的过程中，有时需要知道数据库服务器中有哪些数据库。查看数据库的命令是 show databases，如图 11-5 所示，注意该命令是以分号结尾的。

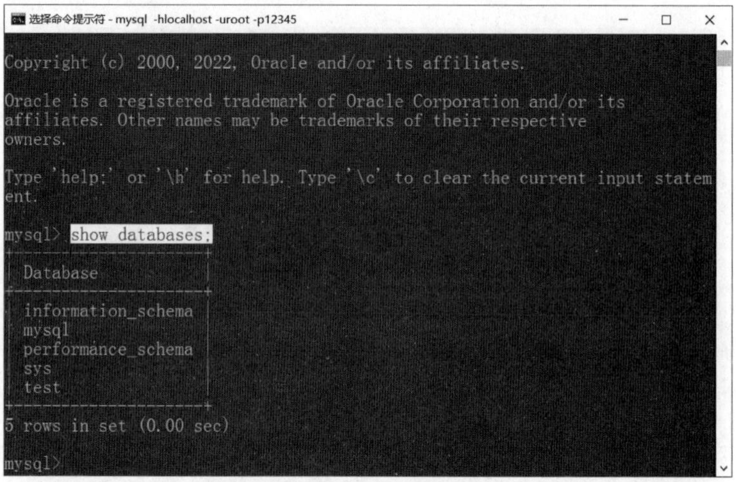

图 11-5　查看数据库信息

可以使用 create database testdb 命令创建数据库，如图 11-6 所示，testdb 是自定义数据库名，注意该命令是以分号结尾的。

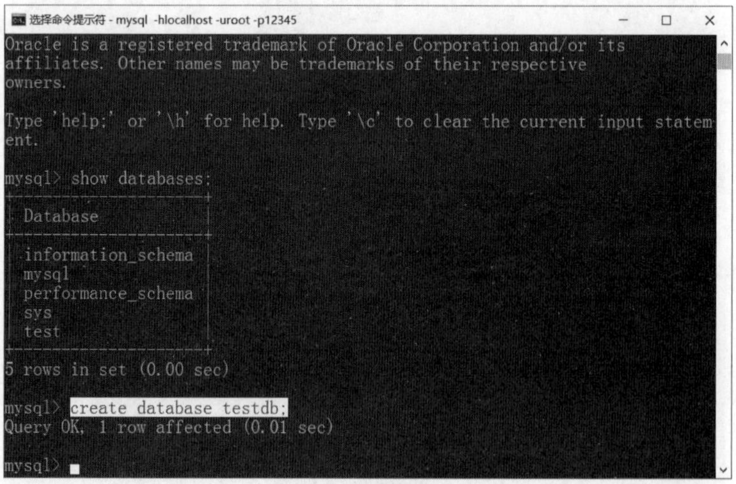

图 11-6　创建数据库

可以使用 drop database testdb 命令删除数据库，如图 11-7 所示，testdb 是自定义数据库名，注意该命令是以分号结尾的。

11.2.4 用户管理

本节介绍 MySQL 的用户管理，包括修改用户密码、增加用户和删除用户等。使用 CREATE USER 命令增加用户，具体内容请参考 10.2.2 节，这里不再赘述。本节重点介绍修改用户密码和删除用户。

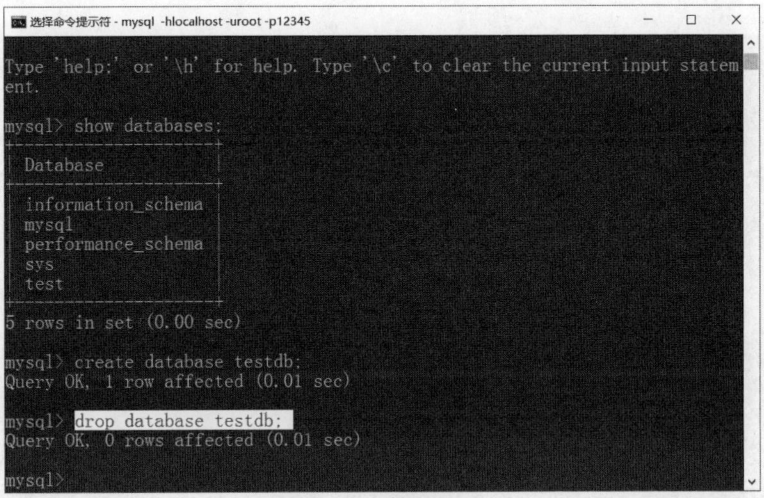

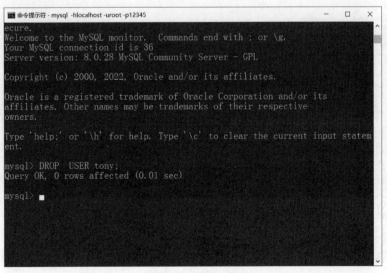

图 11-7　删除数据库

1．修改用户密码

使用 ALTER USER 命令修改用户密码，该命令在 10.2.2 节修改 root 用户密码时已经使用过了。普通用户修改密码命令如下。

```
ALTER USER tony IDENTIFIED BY '123';
```

其中，tony 是之前创建的普通用户；IDENTIFIED BY 关键字之后是密码。

2．删除用户

使用 DROP USER 命令删除用户，删除普通用户 tony 的命令如下。

```
DROP USER tony;
```

执行结果如图 11-8 所示。

图 11-8　删除用户

为了测试是否已经删除了 tony 用户，可以尝试使用 tony 用户登录，结果如图 11-9 所示。

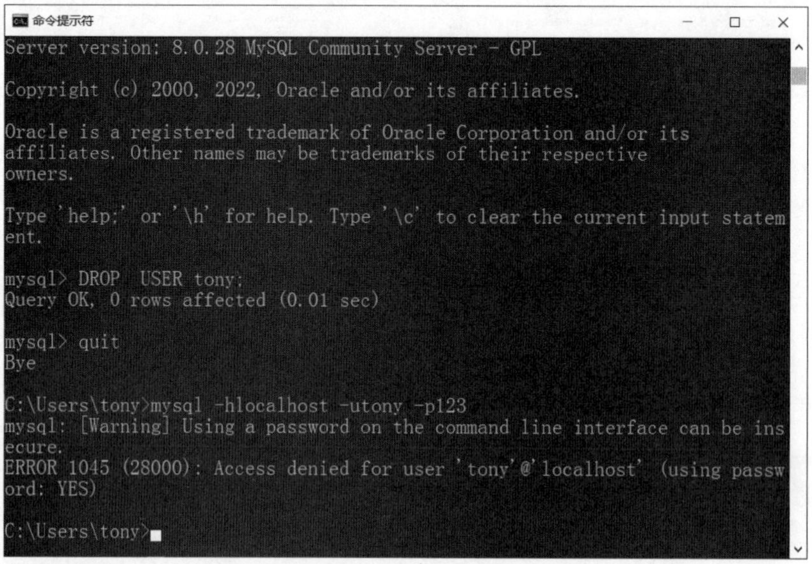

图 11-9　测试登录

11.3　查看系统对象信息

在使用数据库的过程中，有时需要知道数据库中一些对象的信息，如查看 MySQL 服务器中有哪些数据库，以及某个库中有哪些表等。

11.3.1　查看库

有时需要查看 MySQL 服务器中有哪些数据库，使用的命令是 show databases，注意该命令是以分号结尾的，如图 11-10 所示。

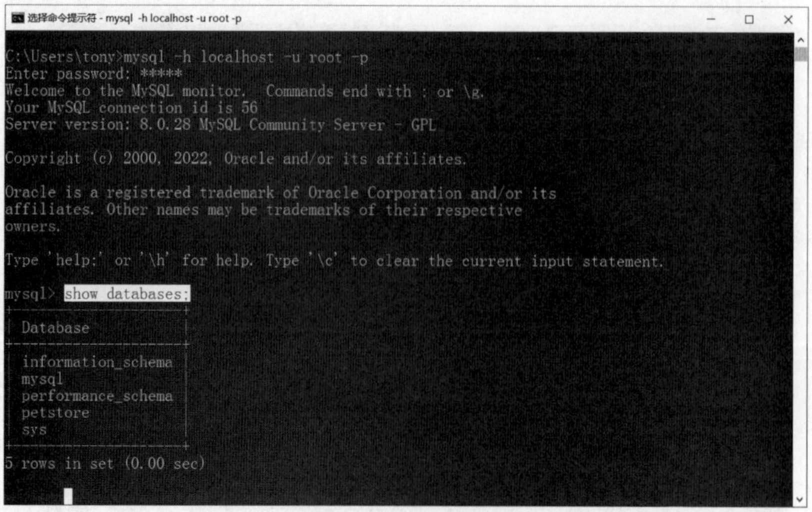

图 11-10　查看库

11.3.2　查看表

查看表的命令是 show tables。如图 11-11 所示，查看 petstore 库中有哪些表，注意该命令是以分号结尾的。一个服务器中有很多数据库，应该先使用 use 命令选择数据库。use petstore 命令结尾可以省略分号。

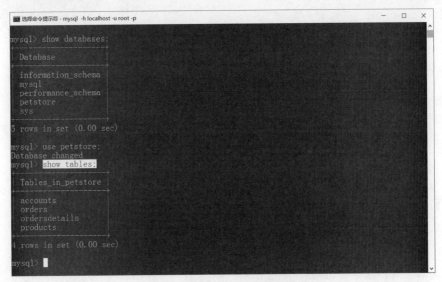

图 11-11　查看 petstore 库中有哪些表

11.3.3　查看表结构

有时还需要查看表结构，可以使用 desc 命令。例如，查看 products 表结构，可以使用 desc products 命令，如图 11-12 所示。注意，该命令是以分号结尾的。

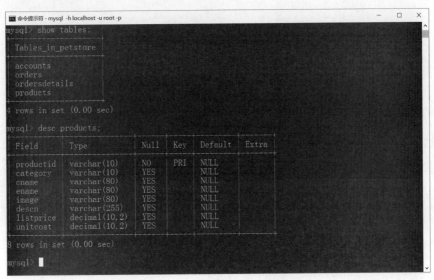

图 11-12　查看 products 表结构

视频讲解

11.3.4　执行脚本文件

有时数据库管理员会将多个 SQL 语句写在一个文本文件中，这个文件就是脚本文件。例如，创建 scott 库的 SQL 脚本文件如下。

```
-- 代码文件: chapter11/11.3.4/SCOTT 用户.sql

-- 如果 scott 库存在,则删除 scott
drop database if exists scott;                                    ①

-- 创建 scott 库
create database scott;                                            ②

-- 选择 scott 库
use scott;                                                        ③

-- 创建部门表
create table DEPT
(
    DEPTNO              int not null,     -- 部门编号
    DNAME               varchar(14),      -- 名称
    loc                 varchar(13),      -- 所在位置
    primary key(DEPTNO)
);

-- 创建员工表
create table EMP
(
    EMPNO               int not null,     -- 员工编号
    ENAME               varchar(10),      -- 员工姓名
    JOB                 varchar(9),       -- 职位
    MGR                 int,              -- 员工顶头上司
    HIREDATE            char(10),         -- 入职日期
    SAL                 float,            -- 工资
    comm                float,            -- 奖金
    DEPTNO              int,              -- 所在部门
    primary key(EMPNO),
    foreign key(DEPTNO) references DEPT(DEPTNO)
);

-- 插入部门数据
insert into DEPT(DEPTNO, DNAME, LOC)
...
values(40, 'OPERATIONS', 'BOSTON');
commit;
```

```
-- 插入员工数据
insert into EMP(EMPNO, ENAME, JOB, MGR, HIREDATE, SAL, COMM, DEPTNO)
values(7369, 'SMITH', 'CLERK', 7902, '1980-12-17',  800, null, 20);
insert into EMP(EMPNO, ENAME, JOB, MGR, HIREDATE, SAL, COMM, DEPTNO)
...
values(7934, 'MILLER', 'CLERK', 7782, '1981-12-3', 1300, null, 10);
commit;
```

代码①判断 scott 库是否存在，如果存在，则删除 scott 库（删除库使用 drop database 命令，判断是否存在使用 if exists 语句）。代码②创建 scott 库，使用 create database 命令。代码③选择数据 scott 库。其他代码基本上前面都已经介绍过了，这里不再赘述。

那么，如何执行这个脚本文件呢？有两种方法。

1. 不需要登录MySQL的方法

通过这种方法不需要登录 MySQL 就可以执行 SQL 脚本，语法如下。

```
mysql  -主机 -u用户名 -p密码 < [sql 脚本文件]
```

例如，执行 scott 数据库.sql 脚本文件，如图 11-13 所示。

📌**注意** SQL 脚本文件要包括完整的路径。而且，如果其中包含空格或中文，应该使用英文半角的双引号包裹起来。

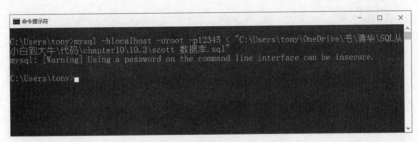

图 11-13　执行脚本文件（1）

📌**提示** 如果在-p 参数后指定了密码，则会产生如下警告，这个警告可以忽略。如果很在意这个警告，或者不希望让别人看到密码，可以采用如图 11-14 所示的命令执行脚本文件，按 Enter 键后再输入密码。

```
[Warning] Using a password on the command line interface can be insecure.
```

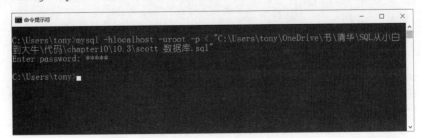

图 11-14　执行脚本文件（2）

2. 需要登录MySQL的方法

如果已经登录到 MySQL 数据库了，可以使用如下命令执行 SQL 脚本文件。

```
SOURCE < [sql 脚本文件]
```

使用 SOURCE 命令执行 scott 数据库 SQL 脚本文件，如图 11-15 所示。

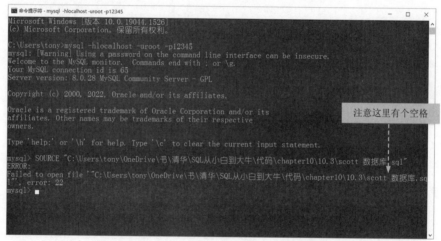

图 11-15 使用 SOURCE 命令执行脚本文件

注意 SQL 脚本文件全路径中不要包含空格，否则会发生错误，如图 11-16 所示。

图 11-16 SOURCE 命令执行脚本文件发生错误

视频讲解

11.4 数据库备份与恢复

备份和恢复是数据库日常管理的重要工作，数据是一个系统中最重要的部分，一个系统可以丢掉可执行文件，但不能丢失一些重要的数据。

11.4.1 备份数据库

MySQL 备份数据库可以使用 MySQLdump 工具。MySQLdump 工具生成能够移植到其他机器的文本文件，甚至可以移植到有不同硬件结构的机器上。使用 MySQLdump 工具产生数据库备份文件时，默认情况下文件内容包含创建库和表的 CREATE 语句，以及包含向表中插入数据的 INSERT 语句。换句话说，MySQLdump 产生的输出结果，可用于日后重建数据库。

MySQLdump 有 3 种语法形式。

1. 指定备份表语法

```
mysqldump -h 主机 -u 用户名 -p 密码  --databases [db_name...]  --tables [tbl_name ...]
> [备份文件]
```

其中，-databases 参数用来指定备份库；db_name 是数据库名，多个数据库可用空格分隔；--tables 参数用来指定备份的表；tbl_name 是表名，多个表用空格分隔。

例如，如果想备份 scott 库中 emp 和 dept 两个表，实现代码如下。

```
C:\Users\tony>mysqldump -h 127.0.0.1 -u root -p12345 --databases scott --tables emp
dept> D:\scott.bak
```

上述代码中，scott.bak 是指定备份的文件名，执行上述指令，结果如图 11-17 所示。

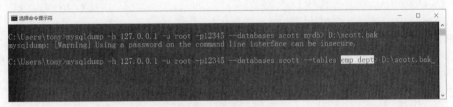

图 11-17　备份表数据（1）

💡**提示** 图 11-17 的警告与 11.3.4 节执行脚本文件的警告是一样的，这里不再赘述。

成功执行后，在 D 盘生成一个 scott.bak 文件，该文件是一个文本文件，可以使用任何一款文本工具打开。打开文件，代码如下。

```
-- MySQL dump 10.13  Distrib 8.0.28, for Win64 (x86_64)
--
-- Host: 127.0.0.1    Database: scott
<省略>
--
-- Table structure for table `emp`
--

DROP TABLE IF EXISTS `emp`;
/*!40101 SET @saved_cs_client     = @@character_set_client */;
/*!50503 SET character_set_client = utf8mb4 */;
CREATE TABLE `emp` (
  `EMPNO` int NOT NULL,
  `ENAME` varchar(10) DEFAULT NULL,
  `JOB` varchar(9) DEFAULT NULL,
  `MGR` int DEFAULT NULL,
  `HIREDATE` char(10) DEFAULT NULL,
  `SAL` float DEFAULT NULL,
  `comm` float DEFAULT NULL,
  `DEPTNO` int DEFAULT NULL,
```

```
  PRIMARY KEY (`EMPNO`),
  KEY `DEPTNO` (`DEPTNO`),
  CONSTRAINT `emp_ibfk_1` FOREIGN KEY (`DEPTNO`) REFERENCES `dept` (`DEPTNO`)
) ENGINE=InnoDB DEFAULT CHARSET=utf8mb4 COLLATE=utf8mb4_0900_ai_ci;
/*!40101 SET character_set_client = @saved_cs_client */;

--
-- Dumping data for table `emp`
--

LOCK TABLES `emp` WRITE;
/*!40000 ALTER TABLE `emp` DISABLE KEYS */;
INSERT INTO `emp` VALUES
        (7369,'SMITH','CLERK',7902,'1980-12-17',800,NULL,20),(7499,'ALLEN','SALESMAN',
7698,'1981-2-20',1600,300,30),(7521,'WARD','SALESMAN',7698,'1981-2-22',1250,500,30),
(7566,'JONES','MANAGER',7839,'1982-1-23',2975,NULL,20),(7654,'MARTIN','SALESMAN',
7698,'1981-4-2',1250,1400,30),(7698,'BLAKE','MANAGER',7839,'1981-9-28',2850,NULL,
30),(7782,'CLARK','MANAGER',7839,'1981-5-1',2450,NULL,10),(7788,'SCOTT','ANALYST',
7566,'1981-6-9',3000,NULL,20),(7839,'KING','PRESIDENT',NULL,'1987-4-19',5000,NULL,
10),(7844,'TURNER','SALESMAN',7698,'1981-11-17',1500,0,30),(7876,'ADAMS','CLERK',
7788,'1981-9-8',1100,NULL,20),(7900,'JAMES','CLERK',7698,'1987-5-23',950,NULL,30),
(7902,'FORD','ANALYST',7566,'1981-12-3',3000,NULL,20),(7934,'MILLER','CLERK',7782,
'1981-12-3',1300,NULL,10);
/*!40000 ALTER TABLE `emp` ENABLE KEYS */;
UNLOCK TABLES;

<省略>

-- Dump completed on 2022-03-04 10:05:12
```

从上述代码可见，文件中都是一些 CREATE 语句和 INSERT 语句，这些代码不再赘述。

2. 指定备份库语法

```
mysqldump -h 主机 -u 用户名 -p密码  --databases  [db_name...] > [备份文件]
```

其中，-databases 参数用来指定备份库；db_name 是数据库名，多个数据库可用空格分隔。

例如，如果想备份 scott 和 mydb 两个库，具体实现代码如下。

```
C:\Users\tony>mysqldump -h 127.0.0.1 -u root -p12345 --databases scott mydb> D:\
scott.bak
```

上述代码中，scott.bak 是指定备份的文件名，执行上述代码，结果如图 11-18 所示。

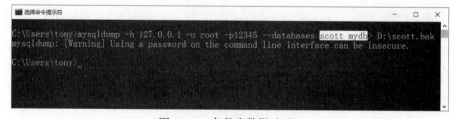

图 11-18　备份库数据（2）

3. 备份整个库语法

```
mysqldump -主机 -u用户名 -p密码 --all-databases < [备份文件]
```

其中，--all-databases 参数用来指定备份这整个数据库所有对象。

例如，备份整个库，实现代码如下。

```
C:\Users\tony>mysqldump -h 127.0.0.1 -u root -p12345  --all-databases  > D:\scott.bak
```

11.4.2　恢复数据库

恢复数据库就是对数据库的重建。如果备份时采用 MySQLdump 工具，而导出的是脚本文件，那么可以使用 11.3.3 节所示的执行脚本文件功能。具体恢复方法可以参考 11.3.4 节，这里不再赘述。

11.4.3　实例：在 Windows 备份，到 Linux 恢复

在实际工作中，往往会遇到在一台计算机上备份，而到另外一台计算机上恢复的情况，而且很有可能两台计算机是不同的操作系统。下面通过一个示例熟悉 MySQL 数据库的备份和恢复。

（1）在 Windows 系统备份整个库。

如图 11-19 所示，将整个数据库备份，备份文件是 all_databases.sql。

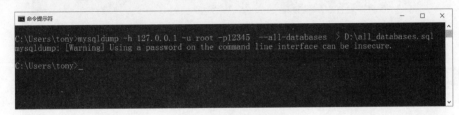

图 11-19　备份数据库

（2）将备份文件复制到 Linux 系统。

将备份文件 all_databases.sql 复制到 Linux 系统，如图 11-20 所示。

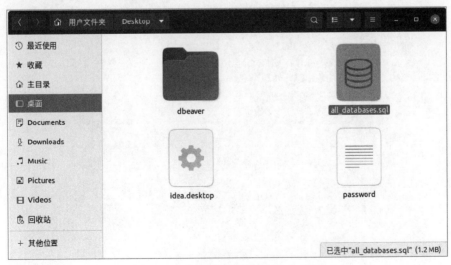

图 11-20　复制备份文件到 Linux 系统

（3）在 Linux 系统下恢复。

在恢复之前可先看看当前数据库服务器中有哪些库，如图 11-21 所示。

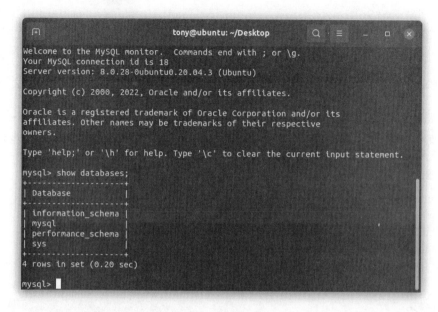

图 11-21　查看数据库

接着采用不登录方式恢复数据，代码如下。

```
$ mysql -h 127.0.0.1 -u root  -p < all_databases.sql
Enter password:
```

执行成功后，可以再查看一下有哪些库，如图 11-22 所示。

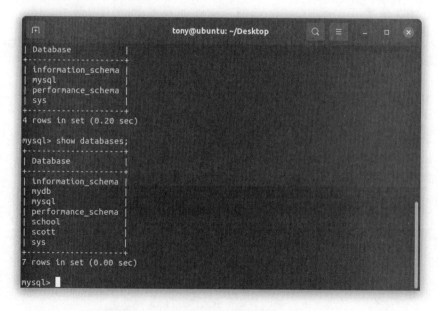

图 11-22　恢复数据

比较图 11-21 和图 11-22，可见成功导入了 mydb、school 和 scott 库。

11.5　MySQL 图形界面管理工具

视频讲解

MySQL 有很多图形界面管理工具，考虑到免费且跨平台，本书推荐使用 MySQL Workbench，它是 MySQL 官方提供的免费、功能较全的图形界面管理工具。

11.5.1　下载和安装 MySQL Workbench

在安装 MySQL 过程中，选择 MySQL Workbench 组件，就可以安装和下载 MySQL Workbench。使用 10.2.1 节的 MySQL 社区版安装文件，双击安装文件，启动如图 11-23 所示的 MySQL 安装器。

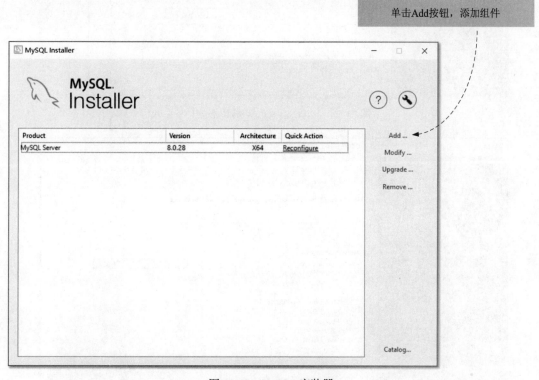

图 11-23　MySQL 安装器

单击 Add 按钮添加组件，进入如图 11-24 所示的安装界面，在此选择要安装的 MySQL Workbench 组件，然后单击➡按钮将 MySQL Workbench 组件添加到右侧列表准备安装，如图 11-25 所示。

选择好 MySQL Workbench 组件后，单击 Next 按钮，进入如图 11-26 所示的安装界面，单击 Execute 按钮开始安装。

在安装前还要下载 MySQL Workbench，如图 11-27 所示，下载完成后单击 Next 按钮开始安装。安装完成后，单击 Finish 按钮，如图 11-28 所示。

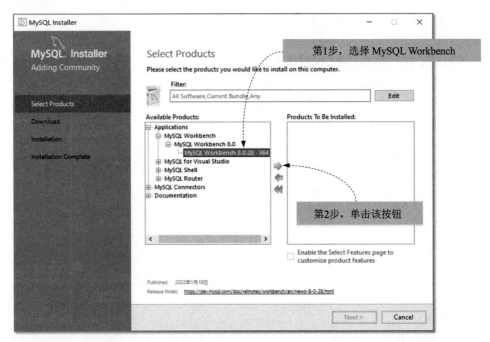

图 11-24　选择 MySQL Workbench 组件

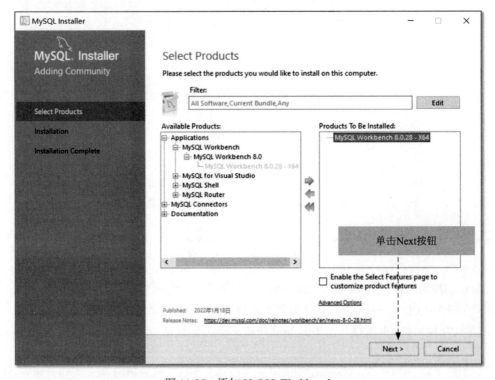

图 11-25　添加 MySQL Workbench

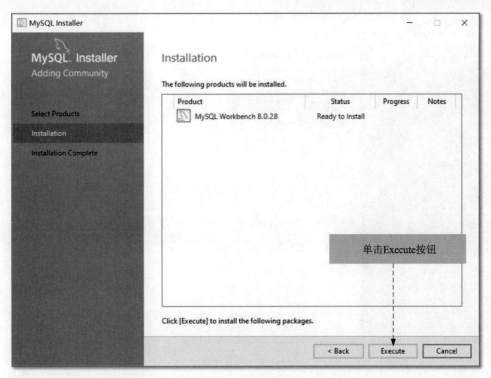

图 11-26　开始安装

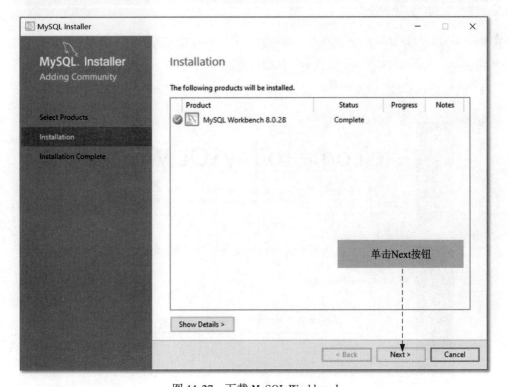

图 11-27　下载 MySQL Workbench

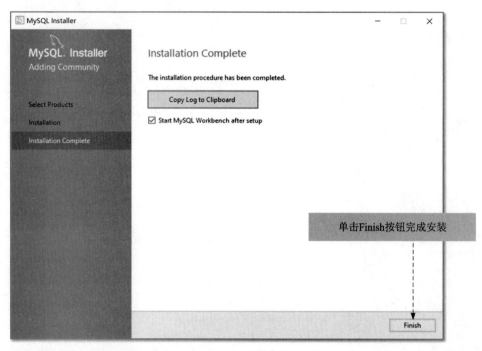

图 11-28　安装完成

11.5.2　配置连接数据库

MySQL Workbench 作为 MySQL 数据库客户端管理工具，要想管理数据库，首先需要配置数据库连接。启动 MySQL Workbench，进入如图 11-29 所示的欢迎页面。

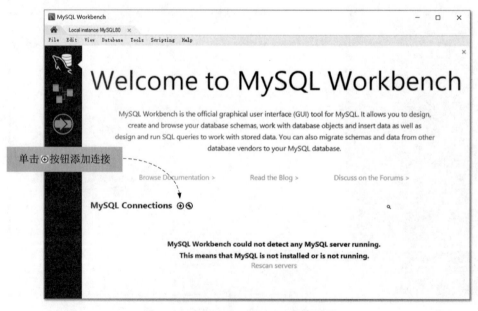

图 11-29　MySQL Workbench 欢迎页面

在 MySQL Workbench 欢迎页面上单击添加按钮⊕，进入如图 11-30 所示的 Setup New Connection 对话框，在该对话框中开发人员可以为连接设置一个名字，此外，还需要设置主机名、端口、用户名和密码。设置密码时，需要单击 Store in Vault 按钮，弹出如图 11-31 所示的 Store Password For Connection 对话框。所有项目设置完成后，可以测试一下是否能连接成功，单击 Test Connection 按钮测试连接，如果成功，则弹出如图 11-32 所示的对话框。连接成功，单击 OK 按钮回到欢迎页面，其中 myconnect 是刚刚配置好的连接，如图 11-33 所示。

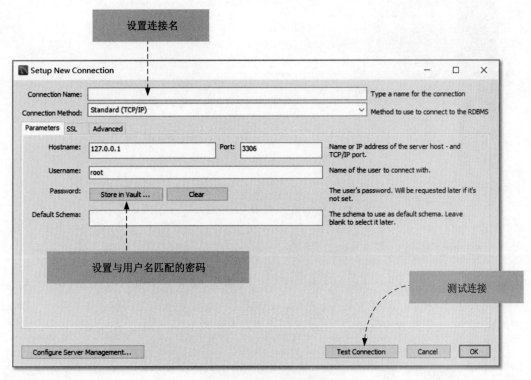

图 11-30　添加连接对话框

图 11-31　设置密码对话框

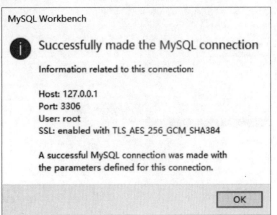

图 11-32　连接成功

图 11-33　配置连接完成

11.5.3　管理数据库

双击 myconnect 连接就可以登录到 MySQL 工作台，如图 11-34 所示，其中 SCHEMAS 是当前数据库列表，在 MySQL 中 SCHEMAS（模式）就是数据库，其中粗体显示的数据库为当前默认数据库，如果想改变默认数据库，可以右击要设置的数据库，在弹出的快捷菜单选择 Set as Default Schema，就可以设置默认数据库了，如图 11-35 所示。

图 11-34　MySQL 工作台　　　　　　　　　　图 11-35　管理数据库快捷菜单

在图 11-35 所示的快捷菜单中还有 Create Schema 命令,可以创建数据库;Alter Schema 命令可以修改数据库;Drop Schema 命令可以删除数据库。

例如,要创建 school 数据库,则需要选择 Create Schema,弹出如图 11-36 所示的对话框,在 Name 文本框中可以设置数据库名,另外还可以选择数据库的字符集,设置无误后单击 Apply 按钮应用设置。如果取消设置,可以单击 Revert 按钮。

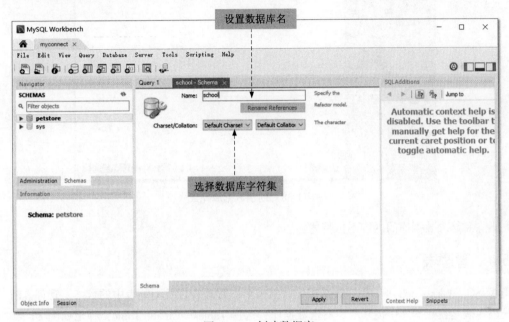

图 11-36　创建数据库

单击 Apply 按钮,弹出如图 11-37 所示的 Apply SQL Script to Database 对话框。确定无误后单击 Apply 按钮创建数据库,然后进入如图 11-38 所示的界面,单击 Finish 按钮,创建完成。

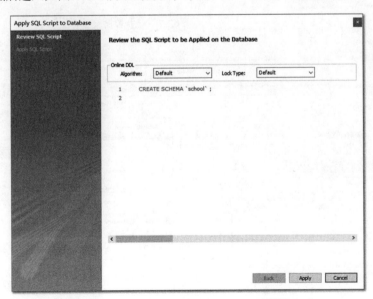

图 11-37　Apply SQL Script to Database 对话框(1)

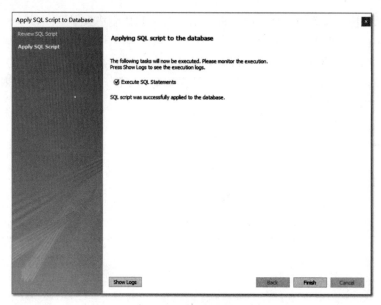

图 11-38　创建数据库完成

有关删除和修改数据库的内容不再赘述。

11.5.4　管理表

使用 MySQL Workbench 可以管理数据库，自然也可以管理表以及浏览表中的数据。管理表时，要选中数据库，因为表是在数据库中创建的。右击数据库，选择 Tables→Create Table，弹出如图 11-39 所示的对话框，开发人员在此根据自己的情况设置表名并添加表字段。

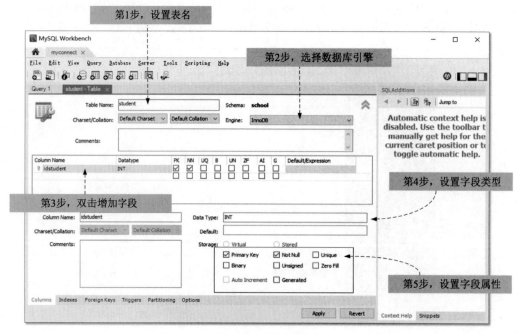

图 11-39　创建表

设置完成后，单击 Apply 按钮应用设置，创建表。单击 Apply 按钮后，进入如图 11-40 所示的 Apply SQL Script to Database 对话框，确定无误后单击 Apply 按钮创建表，然后进入如图 11-38 所示的界面，单击 Finish 按钮，创建完成。

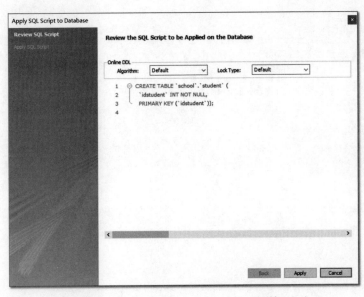

图 11-40　Apply SQL Script to Database 对话框（2）

11.5.5　执行 SQL 语句

如果不喜欢使用图形界面向导创建、管理数据库和表，还可以使用 SQL 语句直接操作数据库，要想在 MySQL Workbench 工具中执行 SQL 语句，则需要打开查询窗口。执行 File→New Query Tab 菜单命令或单击快捷按钮打开查询窗口，如图 11-41 所示。

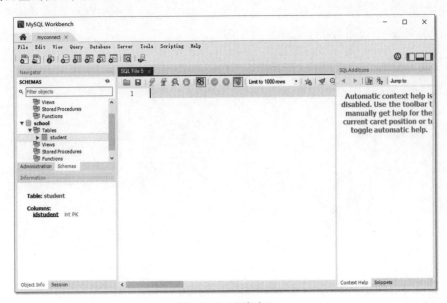

图 11-41　查询窗口

开发人员可以在查询窗口中输入任何 SQL 语句，如图 11-42 所示。可以单击 ⚡ 按钮执行 SQL 语句，注意单击该按钮时，如果有选中的 SQL 语句，则执行选中的 SQL 语句；如果没有选中任何 SQL 语句，则执行当前窗口中全部 SQL 语句。▣ 按钮的功能是执行 SQL 语句到光标所在的位置。

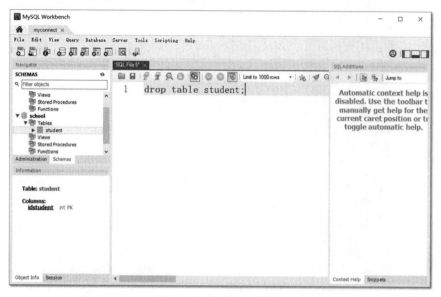

图 11-42　执行 SQL 语句

本章小结

本章重点介绍 MySQL 数据库管理系统日常管理，主要包括登录服务器、常见管理命令、用户管理、查看系统对象信息、执行脚本文件以及数据库备份与恢复。

第 12 章

MySQL 中特有的 SQL 语句

之前介绍的 SQL 语句都是标准的 SQL，但事实上不同的数据库管理系统所支持的 SQL 语句有所不同，本章介绍一些 MySQL 数据库中特有的 SQL 语句。

12.1 自增长字段

MySQL 建表时可以指定字段为自增长（AUTO INCREMENT）类型。顾名思义，自增长类型就是在插入数据时，该字段值会自动加 1，它要求字段是整数类型，而且这种自增长类型字段通常是表的主键字段。

使用自增长字段代码如下。

```sql
-- 代码文件：chapter12/12.1.sql
-- 创建学生表的语句
CREATE TABLE student(
    s_id    INTEGER  PRIMARY KEY NOT NULL AUTO_INCREMENT, -- 学号
    s_name  VARCHAR(20),                                   -- 姓名
    gender  CHAR(1),                                       -- 性别 'F'表示女 'M'表示男
    PIN     CHAR(18)                                       -- 身份证号码
) ;
```

上述示例创建 student 表，其中 s_id 是自增长字段，使用 AUTO_INCREMENT 关键字声明自增长字段。在 MySQL Workbench 工具中执行 SQL 语句，结果如图 12-1 所示。

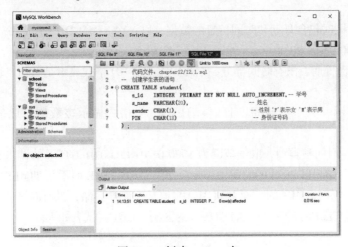

图 12-1　创建 student 表

表创建成功后，可以通过 INSERT 语句插入一些数据，假设通过如下 SQL 语句插入 3 条数据。

```
-- 插入测试数据
INSERT INTO student(s_name,gender) VALUES('张三','M');
INSERT INTO student(s_name,gender) VALUES('李四','F');
INSERT INTO student(s_name,gender) VALUES('王五','M');
```

插入数据成功后，再来查询数据，如图 12-2 所示，可见 s_id 字段从 1 增加到 3。

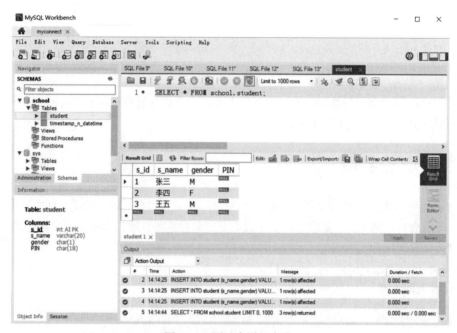

图 12-2　测试自增长字段

视频讲解

12.2　MySQL 日期相关数据类型

不同的数据库中日期相关的数据类型都有一些差别，本节介绍 MySQL 日期相关数据类型，这些数据类型如下。

（1）DATETIME，同时包含日期和时间信息的数据，以 YYYY-MM-DD HH:MM:SS 格式显示 DATETIME 数值，取值范围为 1000-01-01 00:00:00 到 9999-12-31 23:59:59。

（2）DATE，仅包含日期，没有时间部分，以 YYYY-MM-DD 格式显示是数值，取值范围为 1000-01-01 到 9999-12-31。

（3）TIME，仅表示一天中的时间，且以 HH:MM:SS 格式显示该数值。取值范围为 00:00:00 到 23:59:59。

（4）TIMESTAMP，时间戳类型，取值范围为 1970-01-01 00:00:01 UTC（协调世界时间）到 2038-01-19 03:14:07 UTC。如果要存储超过 2038 的时间值，则应使用 DATETIME 而不是 TIMESTAMP。TIMESTAMP 以 UTC 值存储，所以它是与时区相关的，而 DATETIME 值是按原样存储，没有时区。

下面通过示例熟悉 TIMESTAMP 与 DATETIME 的区别。创建测试表如下。

```
--  代码文件: chapter12/12.2.sql
-- MySQL 日期相关数据类型
-- 创建测试表
CREATE TABLE timestamp_n_datetime (
    id INT AUTO_INCREMENT PRIMARY KEY,
    ts TIMESTAMP,
    dt DATETIME
);
```

其中, ts 字段是 TIMESTAMP 类型, dt 字段是 DATETIME 类型。执行上述 SQL 语句创建 timestamp_n_ datetime 表, 用来测试 TIMESTAMP 与 DATETIME 的区别, 在 MySQL Workbench 工具中执行 SQL 语句, 结果如图 12-3 所示。

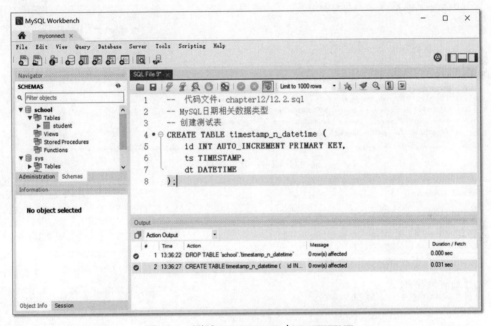

图 12-3　测试 TIMESTAMP 与 DATETIME

timestamp_n_datetime 表创建成功后, 可以通过如下 SQL 语句插入一条数据进行测试。

```
-- 插入测试数据
INSERT INTO timestamp_n_datetime(ts,dt) VALUES(NOW(),NOW());
```

其中, NOW()是获得当前时间的函数, 插入测试数据后, 通过如下 SQL 语句查询数据。

```
-- 查询数据
SELECT ts,dt FROM timestamp_n_datetime;
```

执行 SQL 语句, 结果如图 12-4 所示, 可见 TIMESTAMP 与 DATETIME 没有区别。

为了测试 TIMESTAMP 与时区有关, 下面设置 MySQL 数据库时区。在设置前先查看一下数据库当前时区, 查看时区的 SQL 语句如下。

```
-- 显示数据时区
show variables like "%time_zone%";
```

如图 12-5 所示，SYSTEM 表示当前时区来自当前操作系统时区。

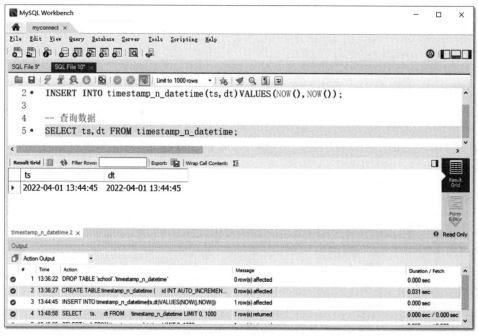

图 12-4　查询数据

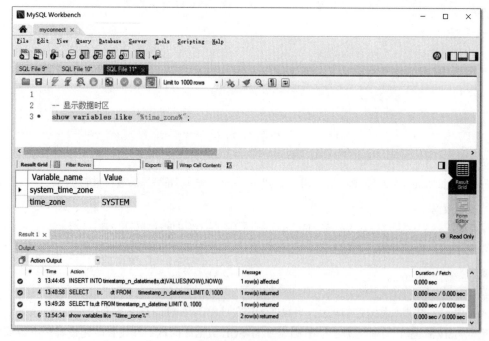

图 12-5　显示时区

将当前系统时区设置为东 3 区（莫斯科时间），代码如下。

```
-- 设置时区为东 3 区
SET time_zone = '+03:00';
```

设置时区完成后，可以再使用 SQL 语句查询一下，结果如图 12-6 所示，可见重新设置时区后两种数据类型是不同的。

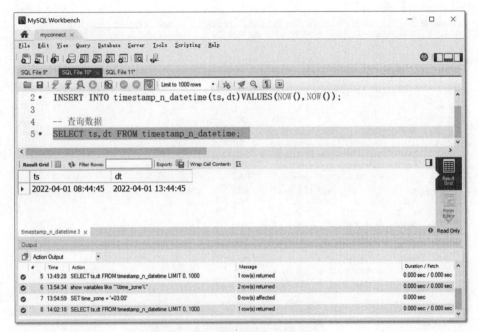

图 12-6　查询结果（设置时区后）

12.3　限制返回行数

在 MySQL 中可以使用 LIMIT 子句限制返回行数。LIMIT 子句对具有大量数据的大型表很有用，因为返回大量数据会影响性能。LIMIT 的基本语法如下。

```
SELECT field1, field2, …
FROM table_name
LIMIT [offset,] rows | rows;
```

其中，offset 是设置偏移量，表示数据从第 offset+1 条开始返回，offset 默认为 0，如果省略，表示从第 1 条数据开始返回；rows 设置返回的数据行数。

下面通过示例熟悉 LIMIT 子句的使用，为了演示示例，首先使用如下 SQL 语句查询 scott 库中的 emp 表。

```
SELECT *  FROM emp;
```

查询结果如图 12-7 所示，返回 14 条数据。

1. 省略偏移量

使用 LIMIT 子句的最简单形式是省略偏移量，事实上就是偏移量为 0，示例代码如下。

```
SELECT *  FROM emp LIMIT 2;
```

查询语句省略了偏移量，返回的数据是从第 1 条开始并返回两条数据，查询结果如图 12-8 所示。

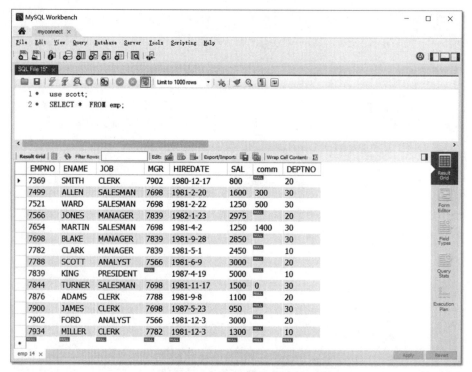

图 12-7 查询 emp 表数据

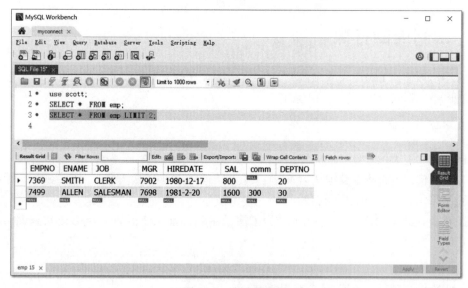

图 12-8 省略偏移量

2. 指定偏移量

指定偏移量示例代码如下。

```
SELECT * FROM emp LIMIT 1, 2;
```

上述代码指定偏移量为 1，就是从第 2 条数据开始，返回两条数据。执行上述 SQL 语句，结果如图 12-9 所示。

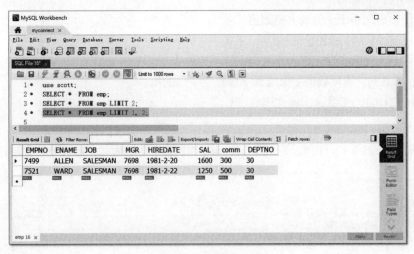

图 12-9　指定偏移量

3. 另一种指定偏移量方法

为了兼容 PostgreSQL 数据库，MySQL 还提供另外一种指定偏移量方法，修改代码如下。

```
SELECT * FROM emp LIMIT 2 OFFSET 1;
```

其中，偏移量通过 OFFSET 关键字指定，查询结果如图 12-10 所示。

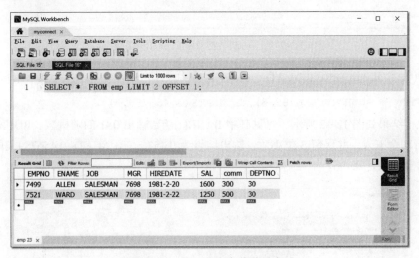

图 12-10　另一种指定偏移量方法

12.4　常用函数

各种数据库都提供了一些特有函数，下面从几个方面介绍一些常用的函数。

12.4.1　数字型函数

数字型函数主要是对数字型数据进行处理，常用的数字型函数如下。

（1）ABS(x)，返回 x 的绝对值。

视频讲解

（2）FLOOR(x)，返回小于 x 的最大整数值。

（3）RAND( )，返回 0~1 的随机值。

（4）ROUND(x,y)，返回参数 x 四舍五入有 y 位小数的值。

（5）TRUNCATE(x,y)，返回数值 x 保留到小数点后 y 位的值。

测试 ABS( )和 FLOOR( )函数，示例代码如下。

```sql
select ABS(-10),FLOOR(-1.2),FLOOR(1.2);
```

上述代码执行结果如图 12-11 所示，其中 FLOOR(-1.2)输出结果为-2，FLOOR(1.2)输出结果为 1。

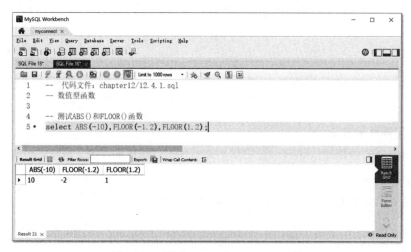

图 12-11　测试 ABS( )和 FLOOR( )函数

测试 RAND( )、ROUND( )和 TRUNCATE( )函数，示例代码如下。

```sql
select RAND(), ROUND(0.456789,3),TRUNCATE(0.456789,3);
```

上述代码执行结果如图 12-12 所示，可见其中 RAND( )函数输出 0~1 的随机数，ROUND(0.456789,3)是对 0.456789 进行四舍五入，并保留 3 位小数，输出结果为 0.457，TRUNCATE(0.456789,3)截取 0.456789 小数点后 3 位，输出结果是 0.456。

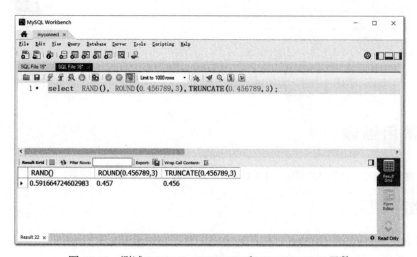

图 12-12　测试 RAND( )、ROUND( )和 TRUNCATE( )函数

视频讲解

12.4.2　字符串函数

字符串函数可以对字符串类型数据进行处理，下面介绍一些常用的字符串函数。

（1）LENGTH(s)，返回字符串 s 的字节长度。

（2）CONCAT(s1,s2,…)，将多个表达式连接成一个字符串。

（3）LOWER(s)，将 s 中的字母全部转换为小写。

（4）UPPER(s)，将 s 中的字母全部转换为大写。

（5）LEFT(s,x)，返回字符串 s 中最左边的 x 个字符。

（6）RIGHT(s,x)，返回字符串 s 中最右边的 x 个字符。

（7）RTRIM(s)，删除字符串 s 右侧的空格。

（8）LTRIM(s)，删除字符串 s 左侧的空格。

（9）TRIM(str)，删除字符串左右两侧的空格。

（10）LPAD(s, length, lpad_string)，在字符串 s 左侧填充字符串 lpad_string，直到 length 长度。

（11）RPAD(s, length, rpad_string)，在字符串 s 右侧填充字符串 rpad_string，直到 length 长度。

（12）SUBSTRING(s, start, length)，截取字符串 s，返回从 start 位置开始，截取长度为 length 的字符串。

测试 LENGTH( )和 CONCAT( )函数，示例代码如下。

```
-- 代码文件：chapter12/12.4.2.sql
-- 字符串函数
SELECT ENAME,LENGTH(ENAME),                              ①
CONCAT(ENAME, JOB, SAL) AS empstr1,                      ②
CONCAT_WS("-",ENAME, JOB, SAL) AS empstr2               ③
FROM emp limit 5;
```

代码①使用 LENGTH( )函数返回 ENAME 字段的长度。代码②使用 CONCAT( )函数将 ENAME、JOB 和 SAL 字段连接起来，注意它们之间没有任何分隔，如果希望指定分隔符，可以使用 CONCAT_WS( )函数，见代码③，连接的表达式之间使用-符号分隔。

上述代码执行结果如图 12-13 所示。

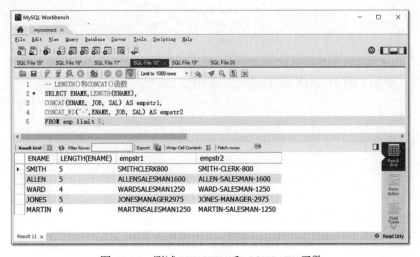

图 12-13　测试 LENGTH( )和 CONCAT( )函数

测试 LOWER( )、UPPER( )、LEFT( )和 RIGHT( )函数，示例代码如下。

```
SELECT
LOWER(ENAME),
UPPER(ENAME),
LEFT(ENAME,3),
RIGHT(ENAME,3)
FROM emp limit 5;
```

上述代码执行结果如图 12-14 所示。

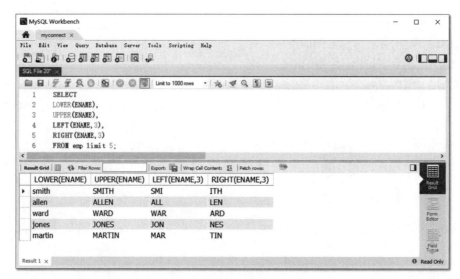

图 12-14　测试 LOWER( )、UPPER( )、LEFT( )和 RIGHT( )函数

测试 LTRIM( )、RTRIM( )和 TRIM( )函数，示例代码如下。

```
SELECT
("    SQL Tutorial    "),
LTRIM("    SQL Tutorial") AS LeftTrimmedString,
RTRIM("SQL Tutorial    ") AS RightTrimmedString,
TRIM('    SQL Tutorial    ') AS TrimmedString;
```

上述代码执行结果如图 12-15 所示。

测试 LPAD( )、RPAD( )和 SUBSTRING( )函数，示例代码如下。

```
SELECT
ename,
LPAD(ename, 10, "#"),
RPAD(ename, 10, "%"),
SUBSTRING("SQL Tutorial", 5, 3) AS ExtractString
FROM emp limit 5;
```

上述代码执行结果如图 12-16 所示。

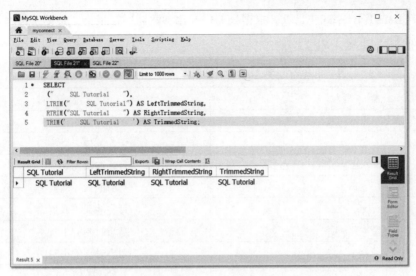

图 12-15　测试 LTRIM( )、RTRIM( )和 TRIM( )函数

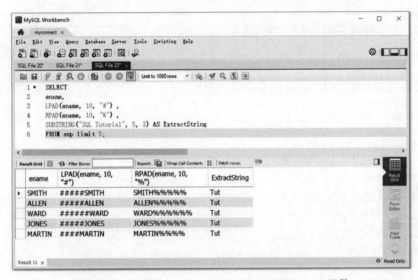

图 12-16　测试 LPAD( )、RPAD( )和 SUBSTRING( )函数

12.4.3　日期和时间函数

日期和时间函数使用场景比较多，下面介绍一些常用的日期和时间函数。

（1）CURDATE( )，返回当前系统的日期值，该函数的另一种写法是 CURRENT_DATE( )。

（2）CURTIME( )，返回当前系统的时间值，该函数的另一种写法是 CURRENT_TIME( )。

（3）NOW( )，返回当前系统的日期和时间值，该函数的另一种写法是 SYSDATE( )。

（4）MONTH( )，获取指定日期中的月份。

（5）YEAR( )，获取年份。

（6）ADDTIME( )，时间加法运算，在指定的时间上添加指定的时间秒数。

（7）DATEDIFF( )，获取两个日期之间的天数。

（8）DATE_FORMAT()，格式化日期，根据日期格式化参数返回指定格式日期字符串，主要的日期格式化参数说明如表 12-1 所示。

表 12-1　日期格式化参数

参　　数	说　　明
%Y	年，4 位
%y	年，2 位
%m	月（取值为00 ~ 12）
%d	月中的天（取值为00 ~ 31）
%e	月中的天（取值为0 ~ 31）
%H	24小时制的小时
%h	12小时制的小时
%i	分钟(取值为00 ~ 59)
%S	秒值(取值为00 ~ 59)

测试 CURDATE()、CURTIME()和 NOW()函数，示例代码如下。

```
-- 测试 CURDATE()、CURTIME()和 NOW()函数
SELECT
CURDATE(),
CURTIME(),
NOW();
```

上述代码执行结果如图 12-17 所示。

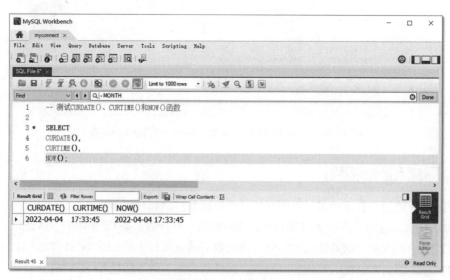

图 12-17　测试 CURDATE()、CURTIME()和 NOW()函数

测试 MONTH()和 YEAR()函数，示例代码如下。

```
-- 测试 MONTH()和 YEAR()函数
SELECT MONTH("2017-06-15"),
```

```
YEAR("2017-06-15");
```

上述代码执行结果如图 12-18 所示。

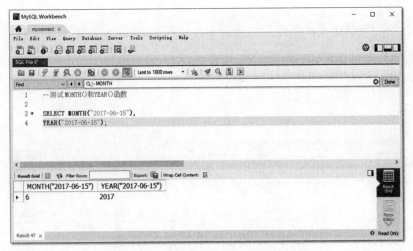

图 12-18　测试 MONTH( )和 YEAR( )函数

测试 ADDTIME( )和 DATEDIFF( )函数，示例代码如下。

```
-- ADDTIME()和 DATEDIFF()函数
SELECT ADDTIME("11:34:21", "10"),
DATEDIFF("2017-06-25", "2017-06-15");
```

上述代码执行结果如图 12-19 所示。

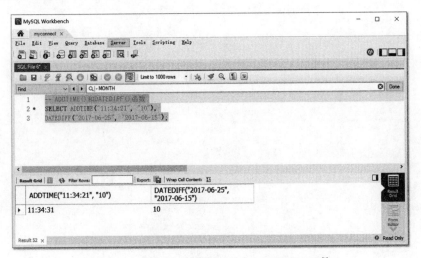

图 12-19　测试 ADDTIME( )和 DATEDIFF( )函数

测试 DATE_FORMAT( )函数，示例代码如下。

```
SELECT
DATE_FORMAT(NOW(),'%Y-%m-%d'),
DATE_FORMAT(NOW(),'%y-%m-%d %H:%i:%s');
```

上述代码执行结果如图 12-20 所示。

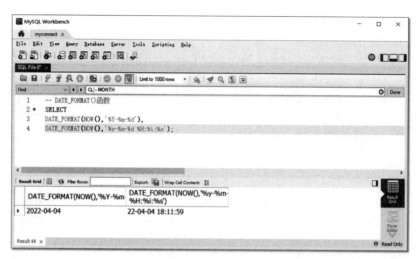

图 12-20 测试 DATE_FORMAT( )函数

本章小结

本章主要介绍 MySQL 数据库中特有的 SQL 语句，包括自增长字段、MySQL 日期相关数据类型、LIMIT 子句，最后介绍 MySQL 常用函数。

<table>
<tr><td>第 13 章</td><td rowspan="2"></td></tr>
<tr><td>CHAPTER 13</td></tr>
</table>

MySQL 数据库开发

在数据库中除了可以创建表、视图、索引等 SQL 对象外，还可以创建存储过程（Stored Procedure）。所谓存储过程，是存储在服务器端的程序代码，存储过程的定义在数据库中，能够与任何一个数据库应用程序相分离，这一分离具有许多优点。

（1）可用反复调用。存储过程一次编译并存储于数据库中以供以后调用，应用程序只须调用即可反复获得预期结果。

（2）高效。在网络数据库服务器环境中使用存储过程，无须通过网络通信即可访问数据库中的数据。这意味着与在某一客户端的应用程序执行相比，存储过程执行的速度更快，并且对网络性能的影响较小。

（3）安全性。在存储过程中可以对数据设置一定的访问限制，使用存储过程会更加安全。

13.1 存储过程

下面介绍在 MySQL 数据库中如何创建、调用和删除存储过程。

视频讲解

13.1.1 使用存储过程重构"找出销售部所有员工信息"案例

9.1.1 节介绍的"找出销售部所有员工信息"案例，除了可以通过子查询和表连接实现外，还可以通过存储过程实现，具体代码如下。

视频讲解

```
-- 代码文件: chapter13/13.1.1.sql
-- 使用存储过程重构"找出销售部所有员工信息"案例
-- 重新定义语句结束符
DELIMITER $$                                                        ①

-- 创建存储过程
CREATE PROCEDURE sp_find_emps()                                     ②
BEGIN                                                               ③

-- 声明变量 V_deptno
DECLARE V_deptno INT;                                               ④

-- 从 dept 表查询 deptno 字段，数据赋值给 V_deptno 变量
SELECT deptno INTO V_deptno FROM dept WHERE dname = 'SALES';        ⑤

-- 查询 emp 表
```

```
SELECT  * FROM emp WHERE deptno = V_deptno;                              ⑥

END$$                                                                    ⑦

-- 恢复语句结束符;
DELIMITER;                                                               ⑧
```

代码①中 DELIMITER 语句重新定义 SQL 语句结束符为$$，开发人员也可以使用其他特殊符号作为结束符，只要不与系统其他符号发生冲突即可，一般推荐使用$$或//，但不要使用\\，因为\在 SQL 中是转义符。

💡**提示** 默认情况下 SQL 语句的结束符是分号，当数据库系统遇到 SQL 语句结束符时，会认为语句结束，数据库会马上执该行语句，但是在存储过程中往往包含多条语句 SQL 语句，开发人员并不希望每条语句分别执行，而是批量执行。所以，重新定义结束符后，数据库系统在存储过程中遇到分号不时不会马上执行。

代码②定义存储过程 sp_find_emps，创建存储过程使用 SQL 语句 CREATE PROCEDURE。

代码③BEGIN 语句与代码⑦的 END 语句对应，指定存储过程代码块的范围，它类似于 Java 和 C 等语言中的大括号。

代码④使用 DECLARE 关键字声明 V_deptno 变量。声明变量的语法如下。

```
DECLARE variable_name datatype(size) [DEFAULT default_value];
```

代码⑤从 dept 表查询部门编号，并把它赋值给 V_deptno 变量，然后将 V_deptno 变量作为查询条件从 emp 表查询数据，见代码⑥，其中使用 SELECT INTO 语句，语法格式如下。

```
SELECT expression1 [, expression2 ...] INTO variable1 [, variable2 ...] 其他 SELECT
语句
```

SELECT INTO 语句可以从表中查询出的多个字段或表达式，并赋值给多个变量。

执行上述代码，会在数据库中创建一个存储过程对象，这个过程会编译上述代码。通过 Workbench 工具查看存储过程，如图 13-1 所示，在 Workbench 存储过程列表（Stored Procedures）中看到刚刚创建的存储过程。注意，如果没有看到，要刷新一下。

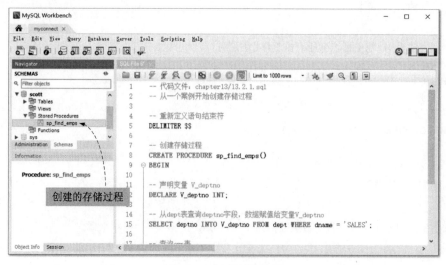

图 13-1 创建存储过程

读者也可以通过 SHOW PROCEDUR 语句查询存储过程，代码如下。

```
SHOW PROCEDURE STATUS WHERE db = 'scott';
```

其中，WHERE 子句指定数据库，执行结果如图 13-2 所示。

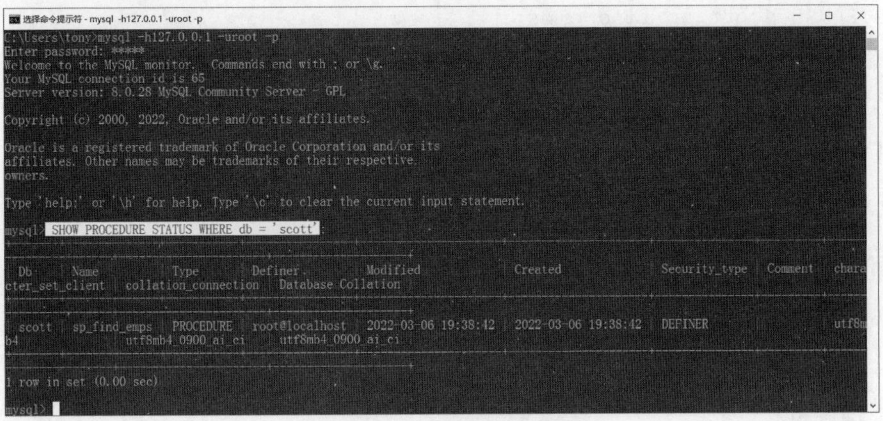

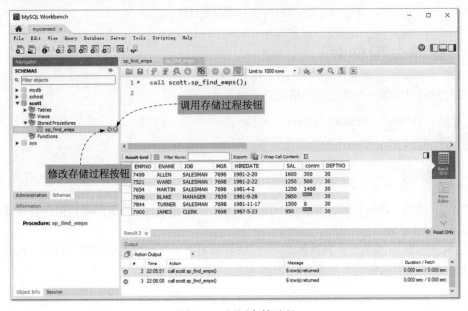

图 13-2　查询存储过程

13.1.2　调用存储过程

创建存储过程的目的是反复调用，因此调用存储过程非常重要。调用存储过程比较简单，使用 call 语句实现，代码如下。

```
call scott.sp_find_emps();
```

call 是调用存储过程关键字，scott 是存储过程所在的数据库。在 Workbench 工具中调用存储过程，如图 13-3 所示。读者可以自己在 SQL 窗口中编写 call 语句，也可以在 Workbench 工具中单击"调用存储过程"按钮，会自动生成调用存储过程语句。

图 13-3　调用存储过程

13.1.3 删除存储过程

删除存储过程的语句是 DROP PROCEDURE，语法如下。

```
DROP PROCEDURE scott.sp_find_emps;
```

Workbench 工具提供了修改存储过程的功能，如图 13-4 所示，单击"修改存储过程"按钮，会打开存储过程源代码，开发人员可以在此修改并保存代码。如果确认修改，单击 Apply 按钮应用修改；如果取消修改，单击 Revert 按钮撤销修改。

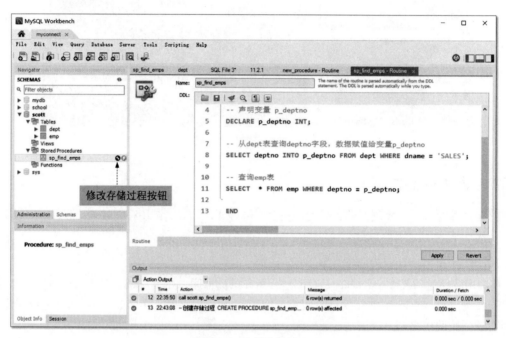

图 13-4　修改存储过程

13.2　存储过程参数

创建存储过程时可以带有参数，它的语法形式如下。

```
[IN | OUT | INOUT] parameter_name datatype[(length)]
```

可见，有 IN、OUT 和 INOUT 3 种类型的参数。

13.2.1 IN 参数

IN 参数是默认类型。顾名思义，IN 参数只能将参数传入存储过程，参数的原始值在存储过程调用过程中不会被修改。

下面通过示例熟悉 IN 参数。查询销售部（SALES）所有员工，如果想根据传递的参数查询该部门所有员工，那么如何实现呢？将部门名称作为一个 IN 参数，传递给存储过程进行查询，代码如下。

```
-- 代码文件：chapter13/13.2.1.sql
-- IN 参数
```

```
-- 重新定义语句结束符
DELIMITER $$

-- 创建存储过程
-- 通过部门名称查询
CREATE PROCEDURE sp_find_emps_by_dname(IN P_dname text)          ①
BEGIN

-- 声明 V_deptno 变量
DECLARE V_deptno INT;

-- 从 dept 表查询 deptno 字段,数据赋值给 V_deptno 变量
SELECT deptno INTO V_deptno FROM dept WHERE dname = P_dname;     ②

-- 查询 emp 表
SELECT  * FROM emp WHERE deptno = V_deptno;

END$$

-- 恢复语句结束符
DELIMITER;
```

代码①定义存储过程,其中 P_dname text 参数是 IN 类型参数。代码②将 IN 参数 P_dname text 作为条件查询部门编号,并将查询出的部门编号赋值给 V_deptno 变量。

执行上述代码,会创建 emps_by_dname 存储过程。

那么,调用存储过程查询 ACCOUNTING(财务部)所有员工的代码如下。

```
call scott.sp_find_emps_by_dname('ACCOUNTING');
```

调用存储过程的 SQL 代码可以在任何 SQL 客户端执行,使用 Workbench 工具的执行结果如图 13-5 所示。

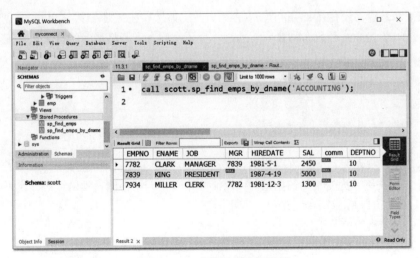

图 13-5　IN 参数示例执行结果

13.2.2　OUT 参数

OUT 参数可以用于将存储过程中的数据回传给它的调用程序。注意，不要试图在存储过程中读取 OUT 参数的初始值，在存储过程中只应该给它赋值。

下面通过示例熟悉 OUT 参数。使用存储过程实现查找资格最老的员工，实现代码如下。

```
-- 代码文件：chapter13/13.2.2.sql
-- OUT 参数
-- 如果 sp_find_emp 存储过程存在，则删除
DROP PROCEDURE IF EXISTS sp_find_emp;                              ①

-- 重新定义语句结束符
DELIMITER $$

-- 创建存储过程
-- 通过部门名称查询
CREATE PROCEDURE sp_find_emp(OUT  P_name text)                     ②
BEGIN

-- 查询 EMP 表中资格最老的员工
SELECT ename INTO P_name                                           ③
FROM EMP
WHERE HIREDATE = (
    SELECT MIN(HIREDATE)
    FROM EMP);                                                     ④
END$$

-- 恢复语句结束符
DELIMITER;
```

代码①是先判断是否已经存在 sp_find_emp 存储过程，如果存在，则先删除。代码②创建存储过程，其中 P_name text 是 OUT 参数，代码③和代码④通过一个子查询查询资格最老的员工，并把员工姓名赋值给输出参数 P_name。

执行上述代码创建存储过程，调用代码如下。

```
set @P_name = '';                                                 ①
call scott.sp_find_emp(@P_name);                                  ②
select @P_name;                                                   ③
```

为了接收从存储过程返回的参数数据，代码①声明变量@P_name，并初始化为空字符串，@开头的变量称为**会话变量**，set 关键字为变量赋初始值。代码②才是真正调用存储过程的代码，代码③将返回的变量值打印出来，select 语句是 MySQL 中用于打印变量的语句。

使用 Workbench 工具执行调用代码，结果如图 13-6 所示。

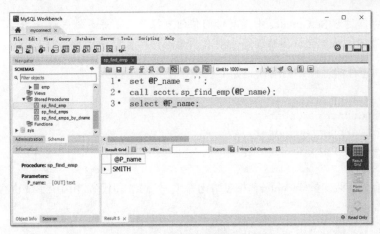

图 13-6　OUT 参数示例执行结果

💡**提示** 会话变量是服务器为每个客户端连接维护的变量，它的作用域仅限于当前客户端连接，当连接断开，则变量失效。而 DECLARE 声明的变量称为局部变量，它的作用域是当前代码块，即 BEGIN-END 代码。

13.2.3　INOUT 参数

视频讲解

INOUT 参数是 IN 参数和 OUT 参数的结合，既可以传入也可以传出的参数。

为了熟悉 INOUT 参数，下面编写一个累加器，实现代码如下。

```
-- 代码文件：chapter13/13.2.3.sql
-- INOUT 参数

DROP PROCEDURE IF EXISTS SetCounter;

-- 重新定义语句结束符
DELIMITER $$

-- 创建存储过程
CREATE PROCEDURE SetCounter(
    INOUT counter INT,
    IN inc INT
)

BEGIN
    SET counter = counter + inc;
END$$

-- 恢复语句结束符；
DELIMITER;
```

上述代码定义了用于累加的存储过程 SetCounter。SetCounter 有两个参数，counter 参数是 INOUT 类型，inc 参数是 IN 类型，SetCounter 实现了将 counter 和 inc 参数相加，然再通过 counter 参数将相加结果返回给调用程序。

💡**提示** 读者会发现存储过程 SetCounter 中没有访问任何表操作。虽然存储过程是用于数据库开发，但是并不一定每个存储过程都会访问数据库中的表，是否访问表取决于自己的业务需要。

执行上述代码创建存储过程，调用代码如下。

```
SET @counter = 1;                              ①
CALL scott.SetCounter(@counter,1); -- 2        ②
CALL scott.SetCounter(@counter,1); -- 3
CALL scott.SetCounter(@counter,5); -- 8        ③
SELECT @counter; -- 8                          ④
```

代码①声明初始化会话变量@counter，并初始化为 1。代码②和代码③调用了 3 次存储过程 SetCounter，代码④打印变量@counter。

使用 Workbench 工具执行调用代码，结果如图 13-7 所示。

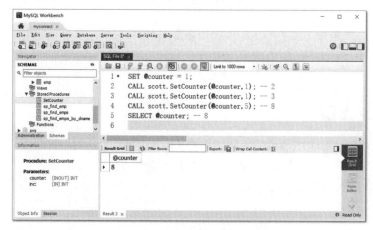

图 13-7 INOUT 参数示例执行结果

视频讲解

13.3 存储函数

在存储过程中还有一种特殊形式——**存储函数**（Stored Function），它通常返回单个值。

13.3.1 创建存储函数

使用 CREATE FUNCTION 指令创建存储函数，它的参数与存储函数一样，有 3 种类型。另外，在创建存储函数时要指定返回值，这是函数与过程的最大区别。

例如，13.2.2 节 OUT 参数示例完全可以定义一个存储函数来替代，实现代码如下。

```
-- 代码文件：chapter13/13.3.1.sql

-- 如果 sp_find_emp 存储函数存在，则删除
DROP FUNCTION IF EXISTS sp_find_emp;

-- 重新定义语句结束符
DELIMITER $$
```

```
-- 创建存储函数
-- 通过部门名称查询
CREATE FUNCTION  sp_find_emp()                                    ①

RETURNS text                                                     ②

BEGIN
    DECLARE V_name text;                                         ③

-- 查询 EMP 表中资格最老的员工
SELECT ename INTO V_name                                         ④
FROM EMP
WHERE HIREDATE = (
    SELECT MIN(HIREDATE)
    FROM EMP);                                                  ⑤

-- 函数返回数据
    RETURN  V_name;                                             ⑥
END$$

-- 恢复语句结束符
DELIMITER;
```

代码①创建 sp_find_emp 存储函数，该函数没有参数。代码②声明函数返回值类型为 text（字符串），RETURNS 是关键字。代码③声明局部变量 V_name。代码④和代码⑤从 EMP 表中查询资格最老的员工并赋值给 V_name 变量。代码⑥通过 RETURN 语句结束函数，将函数的计算结果返回给调用者。

默认情况下，上述代码执行时会发生如下错误。

```
Error Code: 1418. This function has none of DETERMINISTIC, NO SQL, or READS SQL DATA
in its declaration and binary logging is enabled (you *might* want to use the less
safe log_bin_trust_function_creators variable)
```

这是因为默认情况下存储函数创建者是不被信任的，要想创建存储函数，就必须声明函数限制，如下所示。

（1）DETERMINISTIC：声明函数是**确定性**的，确定性函数就是相同的输入参数总是产生相同的结果。这种函数主要用于字符串或数学处理，如一个相加函数，如果输入的参数为 1 和 2，那么结果一定是 3。

（2）NOT DETERMINISTIC：声明函数是**非确定性**的，与 DETERMINISTIC 相反，它是默认值。

（3）NO SQL：声明函数是无 SQL 语句的，函数中不包含 SQL 语句。

（4）READS SQL DATA：声明函数是**读取数据**的，但它只包含读取数据的 SELECT 语句，不包含修改数据 DML 语句。

（5）MODIFIES SQL DATA：声明函数是**修改数据**的，它只包含写输入数据的 DML 语句。

由于本示例只是查询数据，因此可以使用 READS SQL DATA 限制函数，修改代码如下。

```
-- 代码文件：chapter13/13.3.1.sql

-- 如果 sp_find_emp 存在存储函数，则删除
DROP FUNCTION IF EXISTS sp_find_emp;

-- 重新定义语句结束符
DELIMITER $$
```

```
-- 创建存储函数
-- 通过部门名称查询
CREATE FUNCTION  sp_find_emp()

RETURNS text

READS SQL DATA                                              ①

BEGIN
    DECLARE V_name text;

-- 查询 EMP 表中资格最老的员工
SELECT ename INTO V_name
FROM EMP
WHERE HIREDATE = (
    SELECT MIN(HIREDATE)
    FROM EMP);

-- 函数返回数据
    RETURN  V_name;
END$$

-- 恢复语句结束符
DELIMITER;
```

代码①在函数中添加 READS SQL DATA 限制。上述示例代码执行后，创建存储函数，这个过程会编译上述代码。如果通过 Workbench 工具查看存储函数，如图 13-8 所示，在 Workbench 存储函数列表（Functions）中看到刚刚创建的存储函数。注意，如果没有看到，可以刷新一下。

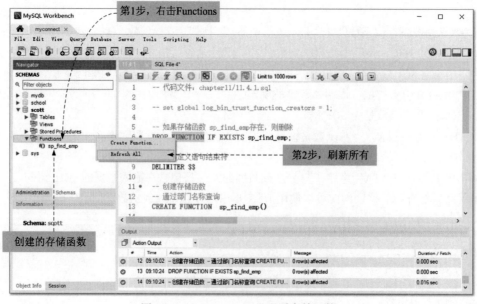

图 13-8　Workbench 工具查看存储函数

查看存储函数与查看存储过程类似，使用的命令是 SHOW FUNCTION，代码如下。

```
SHOW PROCEDURE STATUS WHERE db = 'scott';
```

WHERE 子句指定数据库，通过命令查询存储函数，如图 13-9 所示。

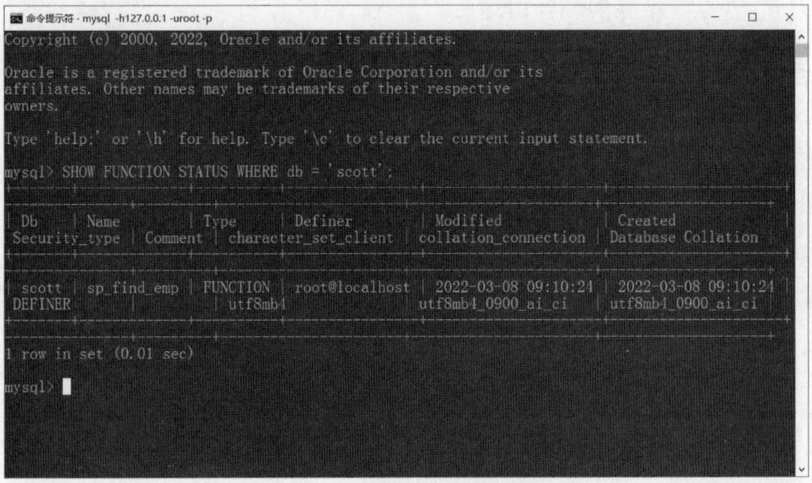

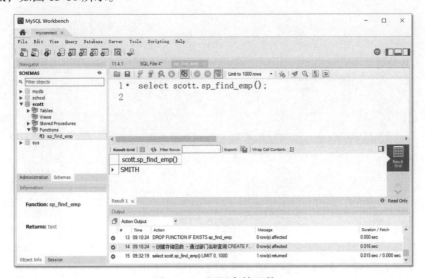

图 13-9 通过命令查询存储函数

13.3.2 调用存储函数

调用存储函数与调用存储过程差别很大，不需要使用 call 语句。事实上，调用存储函数与调用 MySQL 内置函数方法没有区别，只要权限允许，可以在任何地方调用存储函数。测试调用 find_emp( )函数，代码如下。

```
select scott.sp_find_emp();
```

scott 前缀说明存储函数是保存在 scott 库中的，上述代码会将函数返回值打印出来，在 Workbench 工具中调用存储函数，如图 13-10 所示。

图 13-10 调用存储函数

13.3.3　删除存储函数

删除存储函数的语句是 DROP FUNCTION，代码如下。

```
DROP FUNCTION scott.sp_find_emp;
```

本章小结

本章主要介绍 MySQL 数据库开发，重点介绍存储过程，其中包括创建存储过程、调用存储过程和删除存储过程，最后介绍存储函数。

第 3 篇　Oracle 数据库管理系统

本篇包括 3 章内容，介绍 Oracle 数据库管理系统相关知识。主要内容包括 Oracle 数据库管理系统安装与日常管理、Oracle 中特有的 SQL 语句和 Oracle 数据库开发。

第 14 章　Oracle 数据库管理系统的安装与日常管理

第 15 章　Oracle 数据库中特有的 SQL 语句

第 16 章　Oracle 数据库开发

Oracle 数据库管理系统的安装与日常管理

前面章节也多次提到 Oracle 数据库，从本章开始到第 16 章都是 Oracle 数据库的内容。

Oracle 是甲骨文公司推出的通用数据库系统，具有完整的数据管理功能，包括存储大量数据、定义和操纵数据、并发控制、安全性控制、完整性控制、故障恢复、高级语言接口等。Oracle 还是一个分布式数据库系统，支持各种分布式功能，特别是支持各种 Internet 处理。

14.1　Oracle 主要版本

视频讲解

在参考 Oracle 文档时，读者会发现 Oracle 9i、10g 和 12c 等版本，那么这里的 i、g 和 c 分别代表什么含义呢？解释说明如下。

（1）i 代表 internet，表明是基于互联网的版本，这个版本是早期 Oracle 版本。

（2）g 代表 grid，即网格运算，表明是基于网格运算的 Oracle 版本。

（3）c 代表 cloud，即云计算，表明是基于云计算的 Oracle 版本，Oracle c 是目前的 Oracle 主推版本。Oracle c 又细分为如下版本。

（1）企业版（Enterprise Edition），为高端应用程序提供数据管理，查询密集型的数据仓库应用程序。

（2）标准版（Standard Edition），其目标为工作组或部门级应用程序，内含一组综合性管理工具。

（3）快捷版（Express Edition），Oracle 数据库的免费版本，适合小企业项目使用，也适合初学者入门学习使用。本书通过快捷版介绍 Oracle 学习。

14.2　Oracle 21c 快捷版安装和配置

Oracle 21c 是目前甲骨文主推的 Oracle 数据库版本，本节介绍如何在 Windows 平台安装和配置 Oracle 21c 快捷版。

14.2.1　下载 Oracle 21c 快捷版

在安装 Oracle 之前，应该先下载，下载地址是 https://www.oracle.com/database/technologies/xe-downloads .html，如图 14-1 所示。读者可以根据自己的情况选择不同的操作系统，注意，Windows 平台只支持 64 系统。选择好后，单击相应的链接就可以下载。

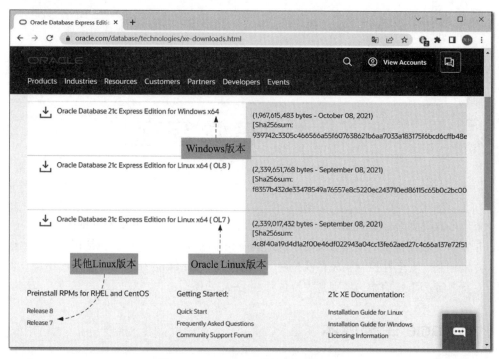

图 14-1　Oracle 21c 快捷版下载页面

视频讲解

14.2.2　在 Windows 平台安装 Oracle 21c 快捷版

　　笔者下载的是 Windows 平台 Oracle 21c 快捷版安装包 OracleXE213_Win64 .zip。解压该安装包文件到一个特定目录下，如图 14-2 所示。在解压目录中找到 setup.exe 安装文件，双击就可以安装了。下面介绍重要安装步骤，其他步骤不再赘述。

图 14-2　安装包解压目录

1. 选择安装目录

安装过程中要选择安装目录，如图 14-3 所示。读者可以根据自己的情况选择 Oracle 安装目录，由于未来会保存数据库文件，因此这个目录所在磁盘空间应该足够大。如果想更改安装目录，可以单击"更改"按钮更改目录。

2. 设置管理员密码

单击"下一步"按钮，进入设置管理员密码页面，如图 14-4 所示。在 Oracle 数据库系统中有一些管理员账号（如 SYS、SYSTEM 和 PDBADMIN），在该页面中可以为这些管理员账号设置密码（即口令），这个账号密码非常重要，应该设置较高级别的密码，并且妥善保管。

图 14-3　选择安装目录

设置密码后，单击"下一步"按钮进入安装确认页面，单击"安装"按钮开始安装，安装过程需要复制文件，因此需要等待一段时间。安装完成会弹出如图 14-5 所示的页面。

图 14-4　设置管理员密码

图 14-5　安装完成

读者需要牢记这些信息，其中 1521 是库服务器采用的端口；XEPDB1 是数据库服务名；而网址 https://localhost:5500/em 是通过浏览器管理数据库的网址。

至此，Oracle 数据库就安装完成了。

3. 测试安装

查看数据库是否安装成功，可以打开系统服务页面，如图 14-6 所示。在系统服务中查看 OracleServiceXE 服务是否启动，OracleServiceXE 是 Oracle 服务名。另外，还要保证 OracleOraDB21Home1TNSListener 服务也启动，这个服务是 Oracle 监听服务，用于客户端连接数据库服务器。

💡**提示** 由于 Oracle 服务非常占用内存，如果读者只是为了学习偶尔使用数据库服务器，则可以将上述两个服务改为手动启动类型，如图 14-7 所示。在需要时自己手动启动服务。

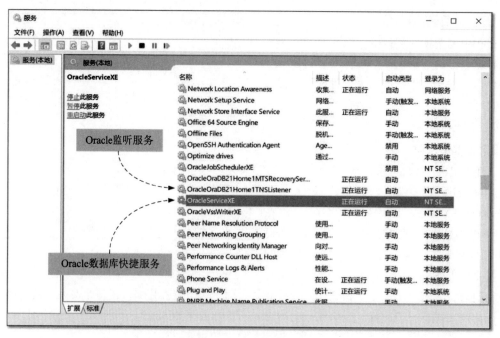

图 14-6　系统服务

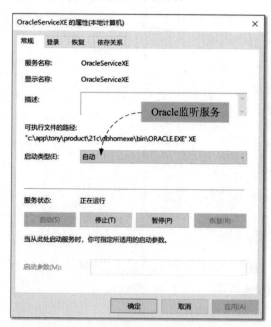

图 14-7　修改服务启动类型

读者也可以通过 Oracle 提供的管理数据库的 Web 服务进行测试，打开浏览器，输入网址 https://localhost:5500/em，如图 14-8 所示。

注意 如果出现如图 14-8 所示的安全提示，不用理会它，请继续访问，进入如图 14-9 所示的登录界面。输入用户名和密码，如果是管理员，则在 Container Name 文本框中不要输入任何内容，然后单击 Log in 按钮登录。

图 14-8　Oracle 提供管理数据库的 Web 服务

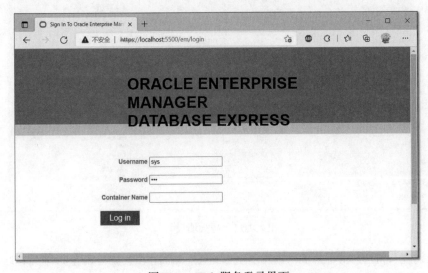

图 14-9　Web 服务登录界面

登录成功，进入如图 14-10 所示的 Oracle 管理数据库 Web 服务控制台。

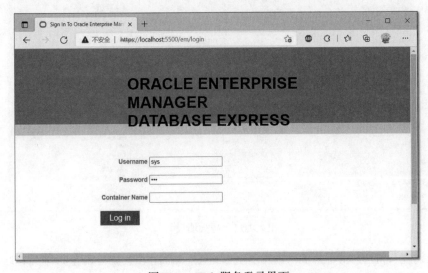

图 14-10　Oracle 管理数据库 Web 服务控制台

视频讲解

14.2.3 远程访问配置

通常情况下，Oracle 数据库服务器与要访问数据库的客户端不在同一台计算机上，这就需要远程访问。远程访问 Oracle 数据库服务器需要设置防火墙，使其开启 1521 端口。

在 Windows 平台设置防火墙的步骤如下。

首先，在控制面板中打开防火墙设置界面，如图 14-11 所示。

图 14-11 防火墙设置

单击"高级设置"，打开如图 14-12 所示的防火墙高级设置界面，先单击左侧列表中的"入站规则"，再单击右侧"操作"窗口中的"新建规则"，弹出如图 14-13 所示的"新建入站规则向导"对话框。

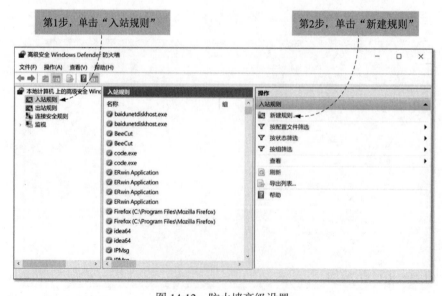

图 14-12 防火墙高级设置

在"规则类型"界面单击"端口"单选按钮，然后单击"下一步"按钮，进入如图 14-14 所示的"协议和端口"界面。

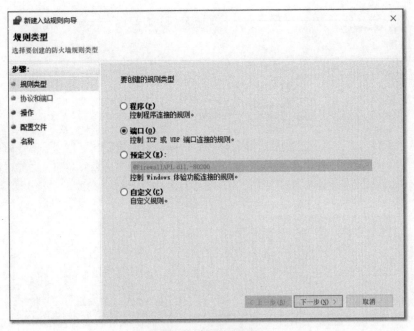

图 14-13　设置规则类型

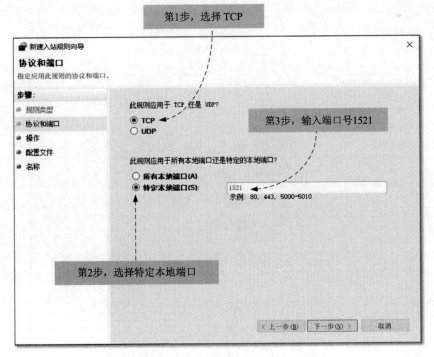

图 14-14　设置协议和端口

按照图 14-14 所示的步骤设置，设置完成后单击"下一步"按钮，进入如图 14-15 所示的"操作"界面。

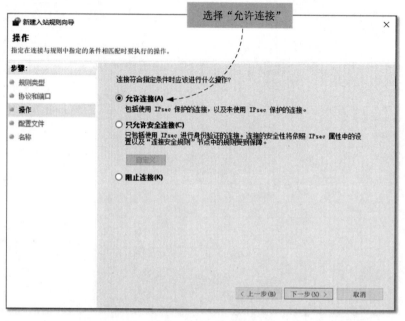

图 14-15　设置操作

选择"允许连接"，然后单击"下一步"按钮，进入如图 14-16 所示的"配置文件"界面，在此可以根据自己的网络情况进行选择。然后单击"下一步"按钮，进入如图 14-17 所示的"名称"界面，在此可以为规则分配一个名字，设置完成后，单击"完成"按钮完成设置过程。

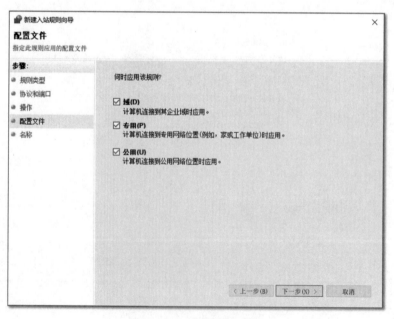

图 14-16　设置配置文件

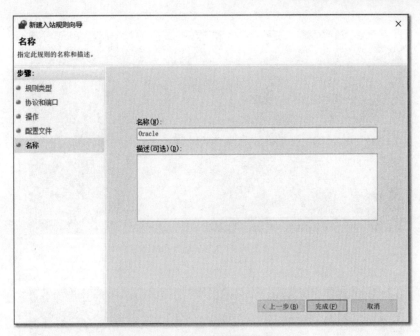

图 14-17　设置规则名称

14.3　Oracle 日常管理

数据库安装完成后，下面学习一些 Oracle 日常管理，涉及的知识主要包括：

（1）使用 SQL Plus；

（2）登录字符串；

（3）用户管理；

（4）查看当前用户信息；

（5）执行脚本文件。

14.3.1　使用 SQL Plus

视频讲解

SQL Plus 是 Oracle 数据库自带的管理和开发数据库的工具，它类似于 MySQL 提供的命令提示符客户端工具。早期的 Oracle 版本还提供基于图形界面的 SQL Plus，目前的 Oracle 版本只提供基于命令提示符的 SQL Plus 版本，在 Window 平台可以通过"开始"菜单→Oracle - OraDB21Home1→SQL Plus 启动 SQL Plus 工具，如图 14-18 所示。

输入用户名和密码（口令）登录 SQL Plus，如图 14-19 所示。

登录成功后出现 SQL>命令提示符，说明登录成功。

提示　使用 SQL Plus 登录时，还可以指定登录身份，这些身份主要包括 SYSDBA（管理员）和 SYSOPER（操作员），指定登录格式为"账号/密码 as 身份"。sys 用户作为管理员身份登录，如图 14-20 所示。另外，登录用户名中账号和密码都可以省略，省略则使用默认管理员账号登录，如图 14-21 所示。

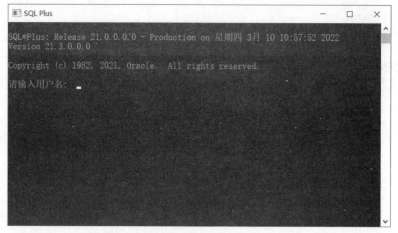

图 14-18　启动 SQL Plus

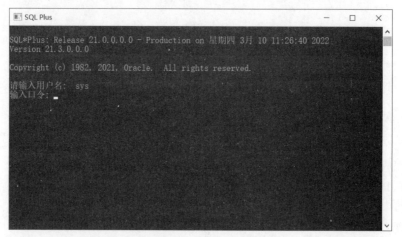

图 14-19　SQL Plus 登录

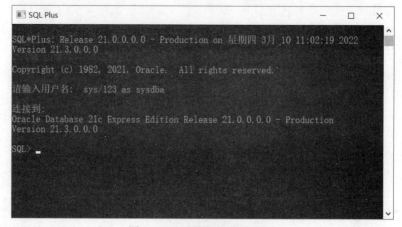

图 14-20　以管理员身份登录

　　如果读者觉得通过 Windows "开始" 菜单启动 SQL Plus 很麻烦，还可以通过命令提示符启动 SQL Plus，如图 14-22 所示。

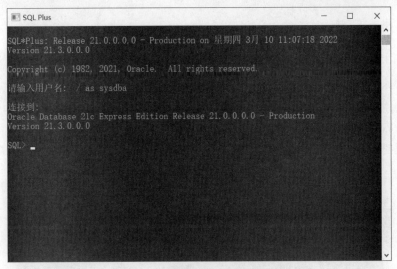

图 14-21　以默认管理员账号登录

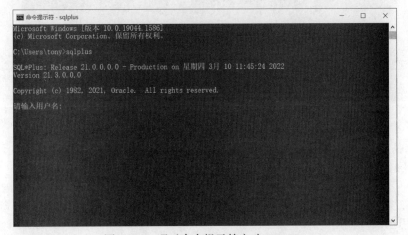

图 14-22　通过命令提示符启动 SQL Plus

另外，也可以直接在命令提示符中输入 SQL Plus+登录字符串直接登录，如图 14-23 所示。

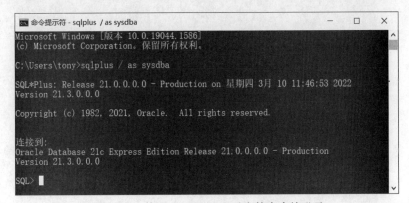

图 14-23　使用 SQL Plus+登录字符串直接登录

14.3.2 登录字符串

14.3.1 节已经用到了 Oracle 登录字符串。本节详细介绍登录字符串，它的语法格式如下。

```
username/password@hostname:port/SERVICENAME
```

其中，username 为用户名；password 为与用户名对应的密码；hostname 为主机名或 IP 地址；port 为端口，默认为 1521；SERVICENAME 为服务名。

例如，在本机使用 sys 用户登录，可以在命令提示符中输入如下指令，结果如图 14-24 所示。

```
sqlplus sys/123@localhost:1521/xe as sysdba
```

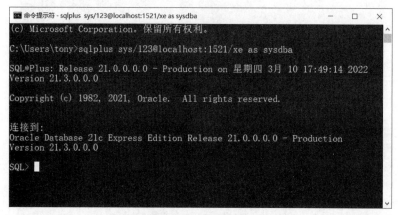

图 14-24　本机登录

注意，sqlplus 是启动 SQL Plus 工具的指令，后面的 sys/123@localhost:1521/xe as sysdba 才是连接字符串，其中 xe 是数据库服务名，不区分大小写。

💡**提示** 如何查看服务名？可以通过 show parameter service_name 指令实现，如图 14-25 所示，但首先要以管理员账号登录。

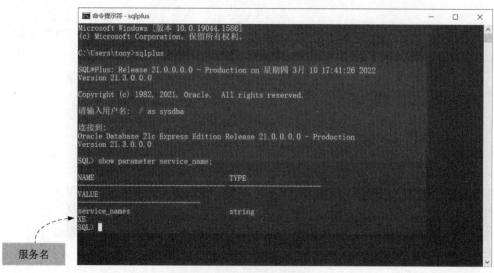

图 14-25　查看数据库服务名

如果已经启动 SQL Plus, 那么如何登录服务器呢? 可以使用 SQL Plus 提供的 CONNECT 指令实现, CONNECT 语法如下。

```
CONNECT 连接字符串 [AS SYSDBA|SYSOPER]
```
其中, CONNECT 指令可以简写为 CONN, 示例代码如下。

```
C:\Users\tony> sqlplus /nolog                                    ①

SQL*Plus: Release 21.0.0.0.0 - Production on 星期四 3月 10 18:40:49 2022
Version 21.3.0.0.0

Copyright (c) 1982, 2021, Oracle.  All rights reserved.

SQL> connect system/123@localhost:1521/xe as sysdba              ②
已连接。
SQL> connect sys/123@localhost:1521/xe as sysdba                 ③
已连接。
SQL> conn sys/123@localhost:1521/xe as sysdba                    ④
已连接。
SQL>
```
上述代码中, 代码① sqlplus /nolog 表示启动 sqlplus 但不登录; 代码②为使用 system 用户登录; 代码③为 sys 用户登录; 代码④又换成 sys 用户登录, 但是使用的是简化的 CONN 命令。

14.3.3　用户管理

介绍 Oracle 的用户管理, 包括增加用户、用户授权和删除用户等。

视频讲解

1. 增加用户

由于 Oracle 21c 快捷版不提供 SCOTT 测试用户, 下面就以增加 SCOTT 用户为例, 介绍如何在 Oracle 数据库增加用户, 具体实现代码如下。

```
CREATE USER SCOTT IDENTIFIED BY tiger;
```
注意上述代码要求有管理员身份, 执行后会创建 SCOTT 用户并设置密码为 tiger。

💡**提示** 默认情况下可能会出现如图 14-26 所示的 ORA-65096 错误。这是因为 Oracle 从 12c 版本后, 创建普通用户前面需要加上 c##前缀。修改指令, 重新创建 SCOTT 用户, 如图 14-27 所示, 成功创建 SCOTT 用户。但需要注意的是, 使用该用户时也需要加上 c##前缀。

2. 修改用户密码

使用 ALTER USER 命令修改用户密码。修改 SCOTT 用户密码, 代码如下。

```
ALTER USER c##SCOTT IDENTIFIED BY 12345;
```
上述代码将 SCOTT 用户密码修改为 12345, 执行结果如图 14-28 所示。

3. 删除用户

使用 DROP USER 命令删除用户。删除普通用户 SCOTT, 代码如下。

```
DROP USER c##SCOTT;
```
执行结果如图 14-28 所示。

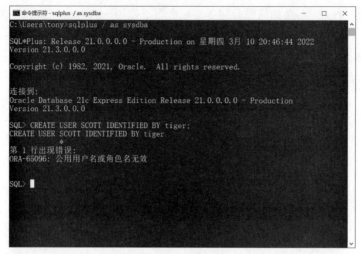

图 14-26　错误提示

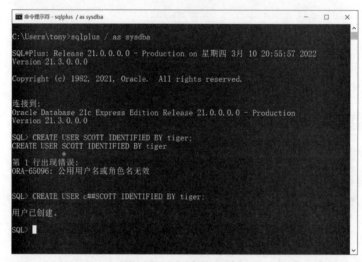

图 14-27　创建用户成功

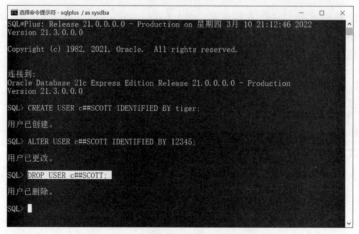

图 14-28　修改用户密码和删除用户

4．用户授权

一个用户创建完成后，事实上几乎什么都不能做，如使用 SCOTT 用户登录，则会出现如图 14-29 所示的 ORA-01045 错误。

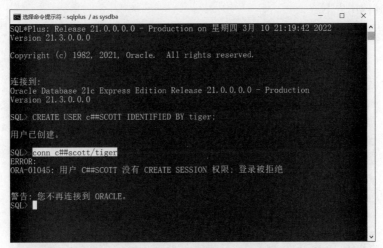

图 14-29　SCOTT 用户登录失败

CREATE SESSION 权限就是建立连接的权限，可见用户缺少该权限。但是，仅仅 CREATE SESSION 权限还是不够的，为了考虑以后还要使用该用户完成建表等工作，因此对该用户授权，代码如下。

```
GRANT CONNECT,RESOURCE,UNLIMITED TABLESPACE to c##SCOTT;
```

上述代码执行结果如图 14-30 所示，成功授权后重新登录，则登录成功。

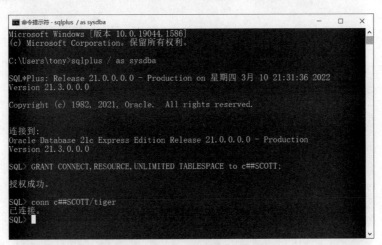

图 14-30　SCOTT 用户登录成功

14.3.4　查看当前用户信息

在使用数据库的过程中有时需要知道数据库中一些对象的信息，其中很多都是与当前用户有关的，下面介绍一些常用的命令。

视频讲解

1. 查看当前会话用户

当前会话用户就是当前连接数据库服务器的用户。有时知道当前会话用户是谁非常重要，如需要在 SCOTT 用户下创建数据库对象（如表、视、存储过程等），则需要保证当前会话用户是 SCOTT，否则这些对象可能会创建到其他用户下。

查看当前会话用户，代码如下。

```
show user
```

执行上述代码，结果如图 14-31 所示。

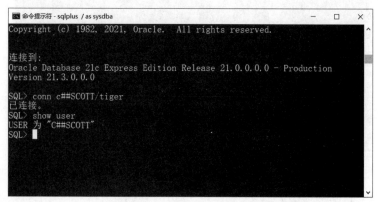

图 14-31　查看当前会话用户

2. 查看当前用户有多少个表

有时查看当前用户有多少个数据表是非常有用的。具体代码如下。

```
select * from cat;
```

执行上述代码，如图 14-32 所示。

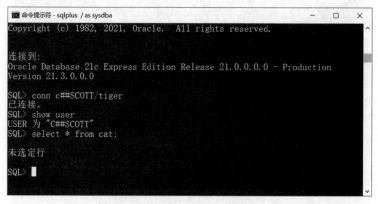

图 14-32　查看当前用户有多少个表

由于当前的 SCOTT 用户下还没有创建任何表，所以查询结果为"未选定行"，说明没有数据。

3. 查看表结构

知道了有哪些表后，还需要知道表结构。可以使用 desc 命令查看表结构，如图 14-33 所示。

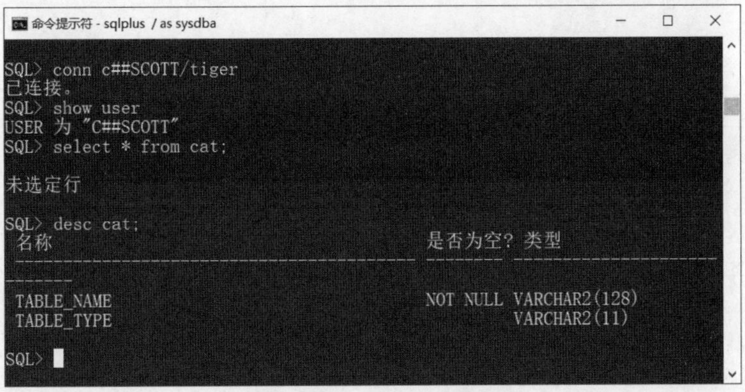

图 14-33　查看表结构

14.3.5　执行脚本文件

视频讲解

为了在 SCOTT 用户下创建数据库对象，可以编写 SQL 脚本文件如下。

```
-- OracleSCOTT 用户脚本(utf-8).sql,文件采用 utf-8 编码,主要用于非 Windows 中文系统,   ①
connect c##scott/tiger;

-- 删除员工表                                                                              ②
-- drop table if exists EMP;
drop table EMP;
-- 删除部门表
-- drop table if exists DEPT;
drop table DEPT;

-- 创建部门表
create table DEPT
(
  DEPTNO            int not null,      -- 部门编号
  DNAME             varchar(14),       -- 名称
  loc               varchar(13),       -- 所在位置
  primary key(DEPTNO)
);

-- 创建员工表
create table EMP
(
  EMPNO             int not null,      -- 员工编号
  ENAME             varchar(10),       -- 员工姓名
  JOB               varchar(9),        -- 职位
  MGR               int,               -- 员工顶头上司
  HIREDATE          char(10),          -- 入职日期
  SAL               float,             -- 工资
```

```
comm                    float,              -- 奖金
DEPTNO                  int,                -- 所在部门
primary key(EMPNO),
foreign key(DEPTNO) references DEPT(DEPTNO)
);

-- 插入部门数据
insert into DEPT(DEPTNO, DNAME, LOC)
...
values(40, 'OPERATIONS', 'BOSTON');
commit;

-- 插入员工数据
insert into EMP(EMPNO, ENAME, JOB, MGR, HIREDATE, SAL, COMM, DEPTNO)
values(7369, 'SMITH', 'CLERK', 7902, '1980-12-17',  800, null, 20);
insert into EMP(EMPNO, ENAME, JOB, MGR, HIREDATE, SAL, COMM, DEPTNO)
...
commit;
```

上述 SQL 脚本中，代码①首先使用 SCOTT 用户连接库，然后创建表并导入数据。需要注意的是，Oracle 不支持 if exists，见代码②。其他代码基本上前面都已经介绍过了，这里不再赘述。

那么，如何执行这个脚本文件呢？事实上，在 Oracle 中执行脚本文件很简单，语法如下。

```
SQL>@  sql 脚本文件
```

执行脚本文件代码如下。

```
SQL> @C:\Users\tony\Desktop\OracleSCOTT 用户脚本-gbk.sql
```

执行上述代码，会执行 OracleSCOTT 用户脚本-gbk.sql 脚本文件，如图 14-34 所示。

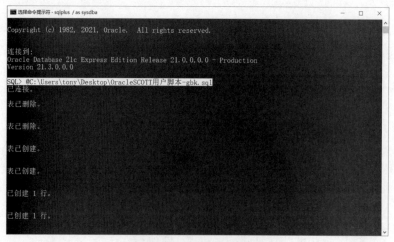

图 14-34　执行脚本文件

执行脚本文件后，可以使用 select * from cat 语句测试查看当前 SCOTT 用户下有哪些表，如图 14-35 所示。

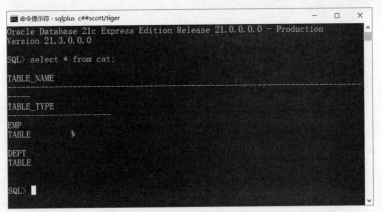

图 14-35　查询 SCOTT 用户下的表

14.4　使用 Oracle SQL Developer 工具

SQL Plus 是 Oracle 官方提供的客户端管理工具，但是它不是基于图形界面的，使用起来不是很方便。如果读者对于 SQL Plus 工具不习惯，可以使用第三方的基于图形界面的管理工具。这类工具有很多，本书推荐使用 Oracle SQL Developer，该工具是甲骨文公司提供的免费的 Oracle 数据库图形界面开发工具。

14.4.1　下载和安装 Oracle SQL Developer

Oracle SQL Developer 虽然也是甲骨文公司开发的，但并不是 Oracle 数据库自带工具，因此需要额外下载和安装。下载 Oracle SQL Developer，网址为 https://www.oracle.com/tools/downloads/sqldev-downloads.html，如图 14-36 所示，读者可以根据自己的平台选择下载文件。

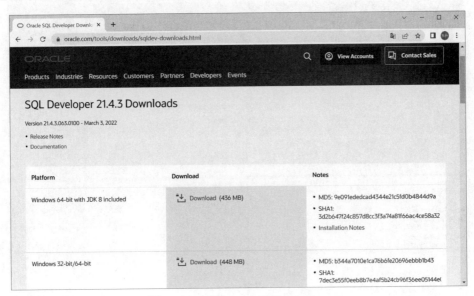

图 14-36　下载 Oracle SQL Developer

下载完成后，将安装包解压，如图 14-37 所示，双击 sqldeveloper.exe 文件就可以安装 Oracle SQL Developer

工具了。

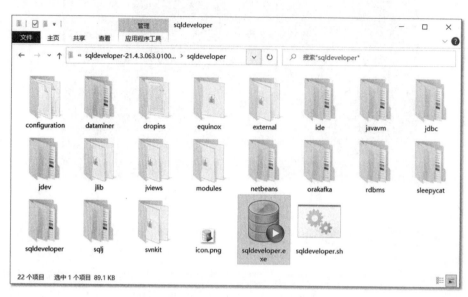

图 14-37　Oracle SQL Developer 解压目录

14.4.2　配置连接数据库

安装完成后，Oracle SQL Developer 就可以使用了，类似于 MySQL Workbench 工具，要想管理数据库，则需要首先配置数据库连接。启动 Oracle SQL Developer，进入如图 14-38 所示的欢迎页面。

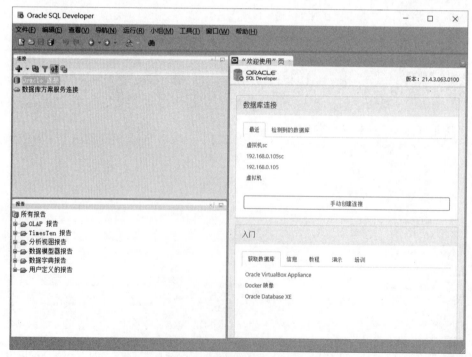

图 14-38　Oracle SQL Developer 欢迎页面

　　单击"手动创建连接"按钮或 ➕ 按钮,弹出如图 14-39 所示的"新建/选择数据库连接"对话框。在该对话框中开发人员可以为连接设置一个名字,此外,还需要设置主机名、端口、用户名、密码和服务名等。开发人员完成所有项目设置后,可以测试是否能连接成功,单击"测试"按钮测试连接,如果连接成功,如图 14-40 所示。

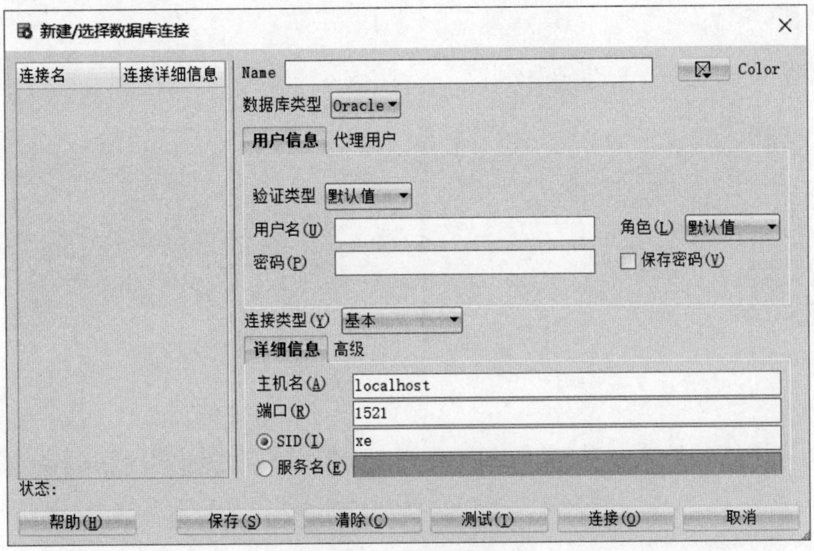

图 14-39　添加连接

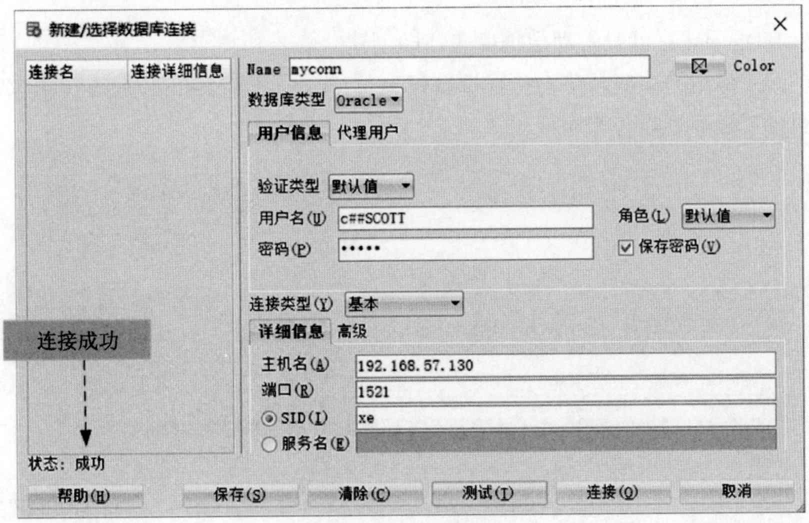

图 14-40　测试连接

　　如果测试连接成功,则可以单击"连接"按钮,进入如图 14-41 所示的 Oracle SQL Developer 工作界面。开发人员可以在"查询构建器"窗口输入 SQL 语句。

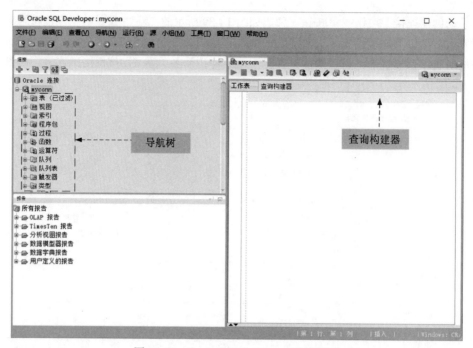

图 14-41　Oracle SQL Developer 工作界面

14.4.3　管理表

使用 Oracle SQL Developer 可以管理数据库表，即创建、修改和删除表。创建表的过程是右击左侧导航树中的"表"节点，在弹出的快捷菜单中选择"新建表"，弹出如图 14-42 所示的"创建表"对话框，在这里根据自己的情况设置表名，添加表字段。

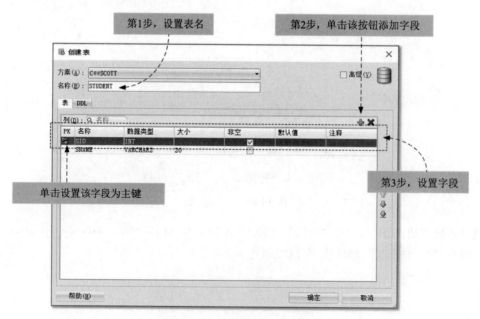

图 14-42　"创建表"对话框

设置完成后，单击"确定"按钮创建表。创建表后，还可以对表进行管理，在左侧导航树中右击要编辑的表名，在弹出的快捷菜单中选择"编辑"，则弹出编辑表的对话框，开发人员可以对已经创建的表进行编辑。如果在左侧导航树中右击表名，在弹出的快捷菜单中选择"表"，使用展开的子菜单可以管理表，如图 14-43 所示，具体操作过程不再赘述。

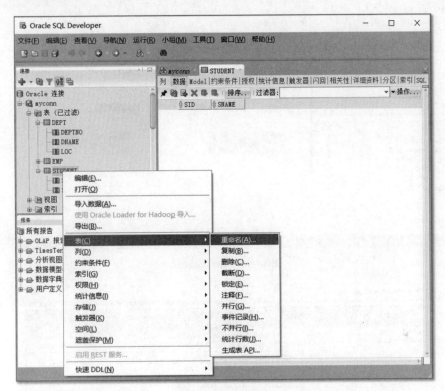

图 14-43　管理表

14.4.4　管理表数据

使用 Oracle SQL Developer 工具也可以管理表数据，在左侧导航树中右击表名，在弹出的快捷菜单中单击"打开"，打开表，如图 14-44 所示。单击"数据"标签，可以浏览、添加、删除和修改数据；此外，还可以对数据进行排序和过滤操作，具体步骤不再赘述。

14.4.5　执行 SQL 语句

如果对使用图形界面向导创建管理数据库和表不习惯，还可以使用 SQL 语句直接操作数据库。要想在 Oracle SQL Developer 工具中执行 SQL 语句，可以在查询构建器中输入 SQL 语句。如果查询构建器没有打开，则可以通过"工具"→"SQL 工作表"菜单命令打开。

如图 14-45 所示，输入 SQL 语句完成后，可以单击▶（运行语句）或▤（运行脚本）按钮执行 SQL 语句。其中，单击▶按钮会执行选中的 SQL 语句；单击▤按钮会执行整个 SQL 脚本文件内容。

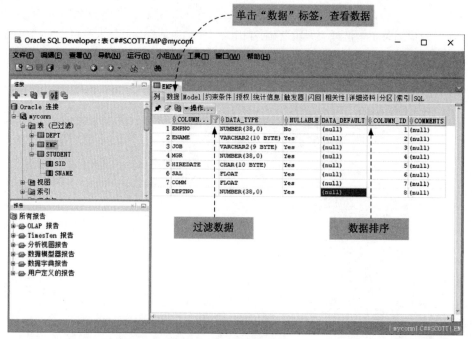

图 14-44　管理表数据

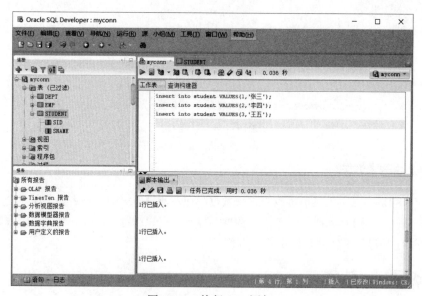

图 14-45　执行 SQL 语句

本章小结

本章主要介绍 Oracle 数据库管理系统的安装与日常管理，在 Oracle 的日常管理部分介绍了使用 SQL Plus、登录字符串、用户管理、查看当前用户信息、执行脚本文件，最后介绍了 Oracle SQL Developer 工具的使用。

第 15 章

Oracle 数据库中特有的
SQL 语句

本章介绍 Oracle 数据库中特有的 SQL 语句。

15.1 序列

视频讲解

老版本的 Oracle 没有自增长字段，为了替代自增长字段，可以使用序列（SEQUENCE）。序列与表、视图一样，都是 Oracle 数据库中的对象。

15.1.1 创建序列

使用 CREATE SEQUENCE 语句创建序列，它的简化语法如下。

```
CREATE SEQUENCE sequence_name
[INCREMENT BY interval]
[START WITH first_number]
[MAXVALUE max_value]
[MINVALUE min_value]
```

其中，INCREMENT BY 指定序列的递增值，interval 只能是整数，可以是正整数或负整数，但不能为 0，正数创建升序序列，负数创建降序序列，默认值为 1；START WITH 指定序列的开始值；MAXVALUE 指定序列最大值，max_value 必须大于或等于 first_number；MINVALUE 指定序列最小值，min_value 必须小于或等于 first_number。

创建序列代码如下。

```
-- 代码文件：chapter15/15.1.sql
-- 创建序列
CREATE SEQUENCE id_seq
    INCREMENT BY 10
    START WITH 10
    MINVALUE 10
    MAXVALUE 100;
```

上述代码执行后，创建了 id_seq 序列，该序列从 10 开始，递增值为 10，最小值为 10，最大值为 100。

在 Oracle SQL Developer 工具中执行 SQL 语句，执行结果如图 15-1 所示，展开左侧导航树中的"序列"节点，可以看到刚刚创建的序列。

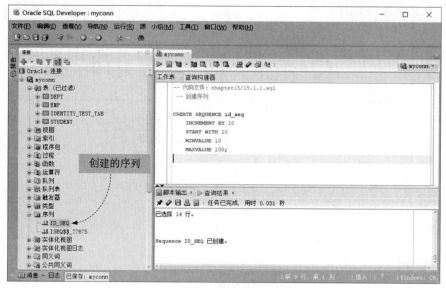

图 15-1　创建序列结果

15.1.2　使用序列

序列创建完成后，如何使用呢？序列有以下两个属性：

（1）CURRVAL：返回序列的当前值；

（2）NEXTVAL：递增序列并返回下一个值。

向学生表插入数据时使用 15.1.1 节创建的 id_seq 序列，示例代码如下。

```
-- 插入测试数据
INSERT INTO student(s_id,s_name,gender) VALUES(id_seq.NEXTVAL,'张三','M');      ①
-- 测试序列当前值为 10
SELECT id_seq.CURRVAL FROM DUAL;                                               ②
INSERT INTO student(s_id,s_name,gender) VALUES(id_seq.NEXTVAL,'李四','F');      ③
-- 测试序列当前值为 20
SELECT id_seq.CURRVAL FROM DUAL;
INSERT INTO student(s_id,s_name,gender) VALUES(id_seq.NEXTVAL,'王五','M');      ④
-- 测试序列当前值为 30
SELECT id_seq.CURRVAL FROM DUAL;
```

代码①、③和④向学生表中插入 3 条数据，其中在插入学生 ID（s_id）字段值使用 id_seq.NEXTVAL，它可以获得 id_seq 序列下一个值。另外，代码②通过 SELECT 语句计算当前序列，其中 id_seq.CURRVAL 是计算当前序列值表达式。

执行上述代码，会插入 3 条数据，在 Oracle SQL Developer 工具中查看学生表数据，如图 15-2 所示。

💡**提示** 上述示例代码中有一个 DUAL 表，它是一个虚拟表。Oracle 保证 DUAL 表中永远只有一条数据，DUAL 表常用于没有目标表的 SELECT 语句中。

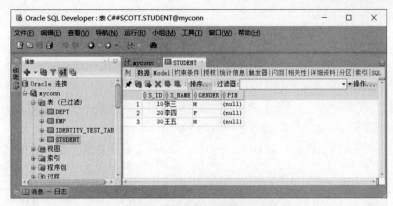

图 15-2　查看学生表数据（1）

15.1.3　修改序列

使用 ALTER SEQUENCE 语句修改序列，它的语法与 CREATE SEQUENCE 语句一致，具体内容不再赘述。
修改 15.1.1 节创建的 id_seq 序列，将递增值改为 1，实现代码如下。

```
-- 代码文件: chapter15/15.1.3.sql
-- 修改序列
ALTER  SEQUENCE id_seq
    INCREMENT BY 1;
```

上述代码执行结果如图 15-3 所示。

图 15-3　修改序列

修改序列完成后，可以插入一些数据测试一下，测试代码如下。

```
-- 插入测试数据
INSERT INTO student(s_id,s_name,gender) VALUES(id_seq.NEXTVAL,'董六','M');
```

```
-- 测试序列当前值为 31
SELECT id_seq.CURRVAL FROM DUAL;                                              ①
INSERT INTO student(s_id,s_name,gender) VALUES(id_seq.NEXTVAL,'田七','F');
-- 测试序列当前值为 32
SELECT id_seq.CURRVAL FROM DUAL;                                              ②
```

由于在插入数据之前序列 id_seq 值为 30（因为在 15.1.2 节插入数据后 id_seq 值为 30），因此代码①获得序列值为 31，再次插入数据后，代码②的序列值为 32。

执行上述代码，会插入两条数据，在 Oracle SQL Developer 工具中查看学生表数据，如图 15-4 所示。

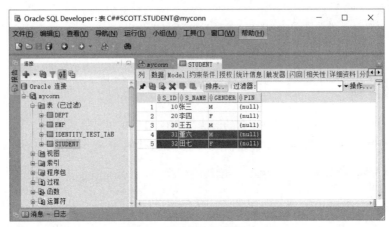

图 15-4　查看学生表数据（2）

15.1.4　删除序列

使用 DROP SEQUENCE 语句删除序列，删除 id_seq 序列示例代码如下。

```
-- 代码文件：chapter15/15.1.4.sql
-- 删除序列
DROP  SEQUENCE id_seq;
```

上述代码在 Oracle SQL Developer 工具中的执行结果如图 15-5 所示。

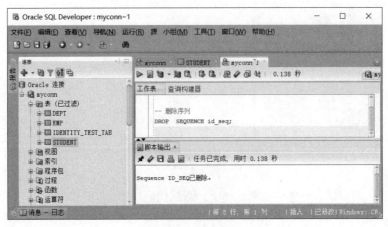

图 15-5　删除序列

视频讲解

15.2 标识字段

经过前面的学习，读者会发现使用序列并不是很方便，主要是因为序列不能与表字段自动关联起来，Oracle 12c 版本后提供了标识字段，它类似于 MySQL 自增长字段。Oracle 指定标识字段语法如下。

```
GENERATED [ ALWAYS | BY DEFAULT  ON NULL ]
AS IDENTITY [ (identity_options) ]
```

参数说明如下。

（1）GENERATED ALWAYS：Oracle 始终为标识字段生成一个值，如果尝试在标识字段中插入值，将导致错误。

（2）GENERATED BY DEFAULT ON NULL：如果提供空值或没有提供值，Oracle 将为标识字段生成一个值。

（3）identity_options：提供了类似于序列的参数，它还包括两个参数，即 START WITH（同序列的 START WITH 参数）和 INCREMENT BY（同序列的 INCREMENT BY 参数）。

为学生表设置标识字段，代码如下。

```
-- 代码文件: chapter15/15.2.sql
-- 标识字段
-- 删除学生表
DROP TABLE student;
-- 创建学生表的语句
CREATE TABLE student(
    -- 学号
    s_id INTEGER GENERATED BY DEFAULT ON NULL AS IDENTITY      ①
    START WITH 100 INCREMENT BY 10,                           ②
    s_name  VARCHAR(20),            -- 姓名
    gender  CHAR(1),                -- 性别,'F'表示女,'M'表示男
    PIN     CHAR(18),               -- 身份证号码
    PRIMARY KEY(s_id)
);
```

代码①设置 s_id 为标识字段，代码②设置该标识字段从 100 开始，递增值为 10。
设置标识字段完成后，可以插入一些数据测试一下，测试代码如下。

```
-- 插入测试数据
INSERT INTO student(s_name,gender) VALUES('张三','M');
INSERT INTO student(s_name,gender) VALUES('李四','F');
```

在插入数据时，没有提供 s_id 字段数据，Oracle 数据库会为该字段提供数值，在 Oracle SQL Developer 工具中查看学生表数据，如图 15-6 所示。

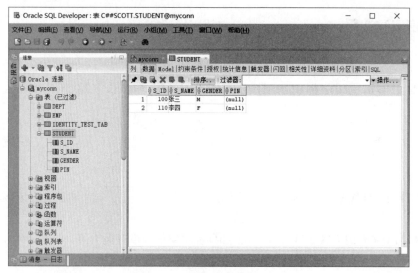

图 15-6 查看学生表数据（3）

15.3 层次关系与递归查询

层次关系与递归查询也是很实用的技术。

15.3.1 层次关系

在关系模型中有一种特殊的关系——层次（Hierarchical）关系，也称为自关联。例如，在 Oracle 自带的示例数据库——SCOTT 用户数据库的员工表中事实上存在层次关系。在员工表中每个员工都有顶头上司，但如果顶头上司为空（NULL），那么他就是老板。SCOTT 用户层次关系如图 15-7 所示，员工表中顶头上司字段会自关联到员工表的员工编号字段，即顶头上司也是员工。

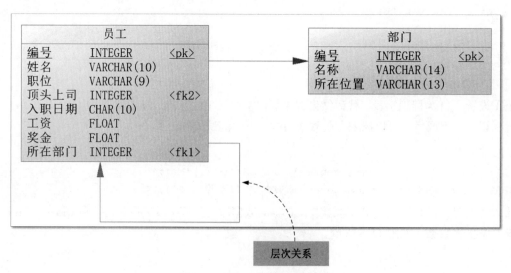

图 15-7 SCOTT 用户层次关系

视频讲解

15.3.2　递归查询

不管员工表本身是否存在层次关系，表中数据事实上存在 4 层关系，如图 15-8 所示。其中，KING 是根节点，即老板，他没有顶头上司，第 2 层有 3 名员工，第 3 层有 8 名员工，第 4 层有两名员工。

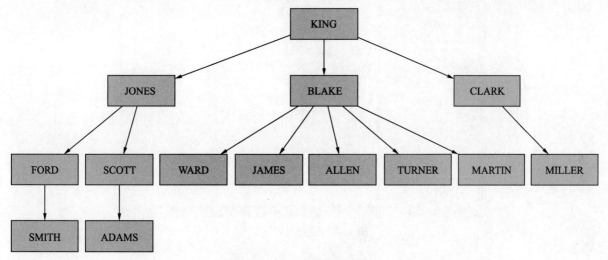

图 15-8　员工表数据层次关系

这种层次关系的数据查询称为"递归查询"或"层次查询"，本书统一称为递归查询。那么，如何实现递归查询呢？Oracle 提供了 START WITH 和 CONNECT BY 子句实现递归查询，说明如下。

（1）START WITH 子句用来指定层次结构中根行数据条件。

（2）CONNECT BY 子句用来指定父行和子行之间的连接条件。必须使用 PRIOR 运算符引用父行。

递归查询员工表示例代码如下。

```
-- 代码文件：chapter15/15.3.sql
-- 递归查询员工
SELECT ename, empno, mgr, LEVEL                          ①
FROM emp START WITH mgr IS NULL                          ②
CONNECT BY PRIOR empno = mgr                             ③
ORDER BY level;                                         ④
```

代码①列出了要查询的字段，注意其中 LEVEL 字段并不是员工表中的固有字段，它是虚拟字段（伪列），指示该员工处于层次结构中的级别，它是一个整数。代码②设置根行条件为 mgr IS NULL，即根节点是顶头上司（mgr）为空值。代码③设置连接条件为 empno = mgr，即员工编号等于顶头上司。代码④设置排序字段。

在 Oracle SQL Developer 工具中执行上述代码，结果如图 15-9 所示。

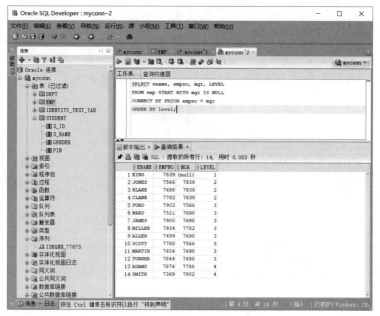

图 15-9　递归查询员工表

视频讲解

15.4　限制返回行数

Oracle 没有像 MySQL 的 LIMIT 子句，Oracle 可以使用 FETCH 子句限制返回行数，基本语法如下。

```
SELECT field1, field2, …
FROM table_name

[ OFFSET offset ROWS]
 FETCH  NEXT [row_count] ROWS ONLY;
```

其中，offset 是设置偏移量，说明从第 offset+1 条数据开始返回，offset 默认值为 0，如果 offset 省略，表示从第 1 条数据开始返回；row_count 设置返回的数据行数。

1. 省略偏移量

省略偏移量为 0，查询前两条员工数据代码如下。

-- 代码文件：chapter15/15.4.sql

```
-- 1. 查询前两条数据
SELECT *
FROM emp
FETCH NEXT 2 ROWS ONLY;
```

上述代码中省略了偏移量，因此是从第 1 条数据开始返回两条数据，查询结果如图 15-10 所示。

2. 指定偏移量

指定偏移量示例代码如下。

-- 代码文件：chapter15/15.4.sql
-- 2. 指定偏移量为 1,返回两条数据

```
SELECT *
FROM emp
OFFSET 1 ROWS
FETCH NEXT 2 ROWS ONLY;
```

上述代码指定偏移量为 1，就是从第 2 条数据开始返回两条数据，结果如图 15-11 所示。

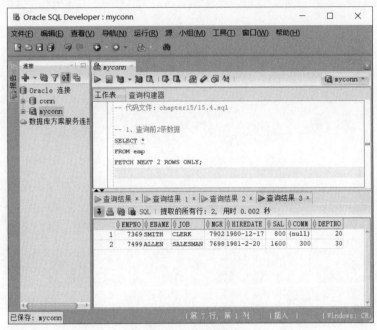

图 15-10　省略偏移量

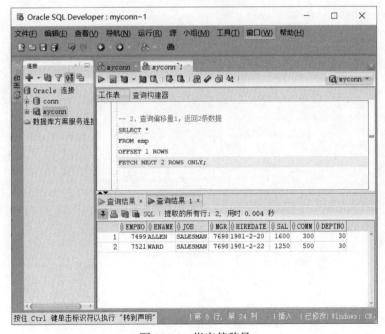

图 15-11　指定偏移量

本章小结

本章主要介绍 Oracle 数据库中特有的 SQL 语句，包括序列、标识字段、层次关系和递归查询，最后介绍限制返回行数。

第 16 章

Oracle 数据库开发

Oracle 提供了功能强大的数据库开发能力，本章对比 MySQL 学习 Oracle 数据库开发。

16.1 PL/SQL

Oracle 开发存储过程的语言是 PL/SQL（过程化 SQL），在介绍存储过程开发之前，先简单介绍一下 Oracle 的 PL/SQL。

16.1.1 匿名代码块

PL/SQL 是过程化 SQL，它是模块化的，一段代码被封装在 XXX...END 代码块之间，最简单的代码块是匿名代码块，匿名代码块不存储在数据库服务器端，而存储过程是存储在数据库服务器端的有名代码块。

下面先看一个匿名代码块示例。

```
-- 代码文件: chapter16/16.1.1 匿名代码块.sql
-- 匿名代码块
DECLARE                                                    ①
  total_val INT := 0;                                      ②
BEGIN                                                      ③
  LOOP                                                     ④
    total_val := total_val+1;
    DBMS_OUTPUT.PUT_LINE(total_val);                       ⑤
    EXIT WHEN total_val = 10;                              ⑥
  END LOOP;                                                ⑦
END;                                                       ⑧
```

代码①和代码②是代码块的声明部分，代码③~⑧是匿名代码块的执行部分，代码④~⑦是循环代码块。代码⑤中的 DBMS_OUTPUT.PUT_LINE( )函数将结果输出。代码⑥判断当 total_val = 10 条件满足后退出循环。

💡**提示** 使用 DBMS_OUTPUT.PUT_LINE( )函数输出结果时，需要使用 SET SERVEROUTPUT ON 语句设置环境变量 SERVEROUTPUT 为 ON。

上述代码在 Oracle SQL Developer 工具中的执行结果如图 16-1 所示。可以看到并没有任何输出，这是因为没有将 SERVEROUTPUT 设置为 ON。

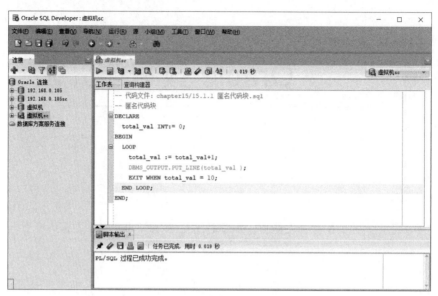

图 16-1　匿名代码块示例执行结果（1）

将 SERVEROUTPUT 设置为 ON，重新执行代码，结果如图 16-2 所示。

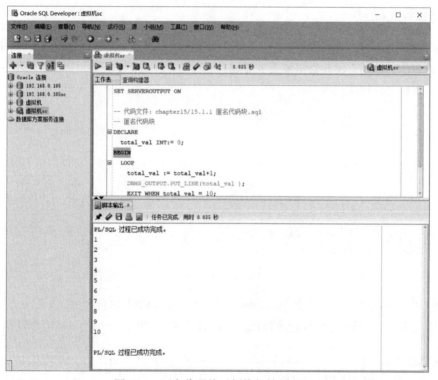

图 16-2　匿名代码块示例执行结果（2）

注意，如果在 SQL Plus 等工具中执行匿名代码块，则需要使用斜杠/表示结束代码块。SQL Plus 执行匿名代码块如图 16-3 所示。

图 16-3　SQL Plus 执行匿名代码块

16.1.2　使用游标

在数据库开发过程中有时会从查询的结果集中返回每行数据，这就会用到**游标**（CURSOR）。游标是一个临时保存在内存中的查询结果集，通过游标对象可以从结果集中提取数据，所以游标总是与一个查询语句相关联。使用游标的过程如下。

（1）使用游标之前先要利用 OPEN 语句打开游标。

（2）提取游标数据，就是从结果集中返回数据。使用 FETCH 语句提取游标。

（3）关闭游标。游标使用完成后需要关闭，这可以释放资源。使用 CLOSE 语句关闭游标。

使用游标示例代码如下。

```
-- 代码文件：chapter16/16.1.2 使用游标.sql
-- 使用游标

-- 声明变量
DECLARE                                                    ①
    v_deptno INT;
    my_ename VARCHAR(10);
    my_empno INT;

-- 声明游标
    CURSOR c_emp IS                                        ②
    SELECT
        ename,
        empno
    FROM
        emp
    WHERE
        deptno = 30;                                       ③

BEGIN
```

```
--打开游标
   OPEN c_emp;                                                    ④
   LOOP

--提取游标
      FETCH c_emp INTO                                            ⑤
         my_ename,
         my_empno;
--如果没有记录退出循环
      EXIT WHEN c_emp%notfound;                                   ⑥
      dbms_output.put_line('员工姓名：'
                           || my_ename
                           || '编号：'
                           || my_empno);
   END LOOP;

--关闭游标
   CLOSE c_emp;                                                   ⑦
END;
```

代码①~④是声明代码块，需要使用 DECLARE 关键字，其中代码②~④声明游标，声明游标关键字为 CURSOR，IS 之后是游标关联的 SELECT 语句，c_emp 是声明的游标变量。代码④使用 OPEN 语句打开游标，代码⑤通过 FETCH 语句从游标中每次提取一行数据，每次提取时游标的指针会向下移动一次。

由于一般情况下返回的结果集都有多条数据，所以应该循环提取结果集，如果结果集中没有数据，可以退出循环，见代码⑥，其中 c_emp%notfound 表达式可以判断结果集中是否还有数据。

游标使用完成后需要关闭，见代码⑦。

视频讲解

16.2 编写第 1 个 Oracle 存储过程

存储过程是一种有名的代码块，下面将 13.1.1 节 MySQL 实现的存储过程通过 Oracle 重新实现一下，该案例的需求不再赘述，具体实现代码如下。

```
-- 代码文件：chapter16/16.2.sql
-- 编写第 1 个 Oracle 存储过程
CREATE OR REPLACE PROCEDURE sp_find_emps AS                       ①

-- 声明变量
   v_deptno INT;                                                  ②
   my_ename VARCHAR(10);
   my_empno INT;
   CURSOR c_emp IS                                                ③
   SELECT
      ename,
      empno
   FROM
      emp
   WHERE
      deptno = v_deptno;                                          ④
```

```
BEGIN

-- 从 dept 表查询 deptno 字段，数据赋值给 V_deptno 变量
    SELECT                                                                ⑤
        deptno
    INTO v_deptno
    FROM
        dept
    WHERE
        dname = 'SALES';

--打开游标
    OPEN c_emp;

    LOOP

--提取游标
        FETCH c_emp INTO
            my_ename,
            my_empno;
--  如果没有记录,退出循环
        EXIT WHEN c_emp%notfound;
        dbms_output.put_line('员工姓名：'
                            || my_ename
                            || '编号：'
                            || my_empno);
    END LOOP;

--  关闭游标
    CLOSE c_emp;
END;
```

　　代码①中 CREATE OR REPLACE PROCEDURE 表示创建 sp_find_emps 存储过程，由于 sp_find_emps 存储过程没有参数，所以声明时不用小括号。如果 sp_find_emps 存储过程已经存在，则替换。另外，AS 关键字之后是存储过程的具体内容，也可以改为 IS 关键字。代码②~④是存储过程的声明部分，其中，代码③和代码④声明游标 c_emp。

🔖**提示** 游标还分为隐式游标和显式游标。上述示例中代码③使用 CURSOR 语句声明游标，称为显式游标。代码⑤使用 SELECT...INTO 语句从 dept 表查询 deptno 字段，并将数据赋值给 V_deptno 变量，事实上这也是一种游标，它不需要声明，称为隐式游标。

　　上述代码在 Oracle SQL Developer 工具中的执行结果如图 16-4 所示。从结果可见已编译提示，这说明已经成功创建存储过程，开发人员可以在左侧导航树中的"过程"节点下面找到刚刚创建的存储过程。

16.2.1　调用存储过程

Oracle 使用 CALL 或 EXEC 语句调用存储过程，代码如下。

```
-- 调用存储过程
EXEC  sp_find_emps;
```

```
-- 或
CALL SP_FIND_EMPS();
```

在 Oracle SQL Developer 工具中的执行结果如图 16-5 所示。需要注意的是，由于代码中是通过 DBMS_OUTPUT.PUT_LINE 输出结果，所以要使用 SET SERVEROUTPUT ON 语句，设置环境变量 SERVEROUTPUT 为 ON。

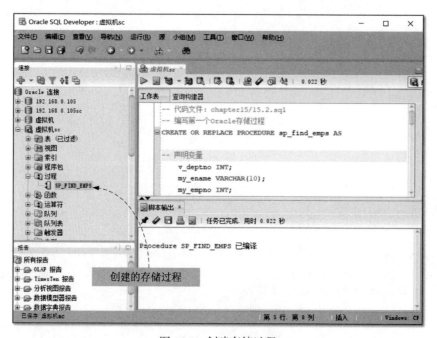

图 16-4　创建存储过程

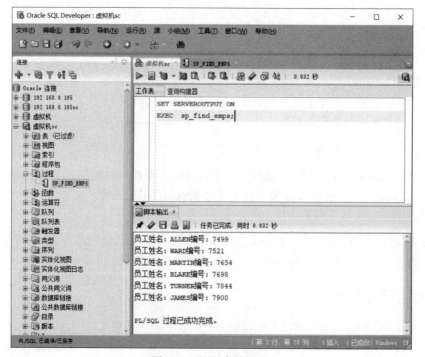

图 16-5　调用存储过程

16.2.2　删除存储过程

使用 DROP PROCEDURE 语句删除存储过程，代码如下。

```
DROP PROCEDURE sp_find_emps;
```

如果加上用户名限定，代码如下。

```
DROP PROCEDURE c##scott.sp_find_emps;
```

16.3　存储过程参数

Oracle 的存储过程参数也有 IN、OUT 和 IN OUT 3 种类型，语法形式如下。

```
parameter_name [IN | OUT | IN OUT] datatype[(length)]
```

从语法形式可见，与 MySQL 不同之处是 IN、OUT 和 IN OUT 关键字处于参数名和参数类型之间。另外，IN OUT 关键字的 IN 和 OUT 之间有空格，而 MySQL 是 INOUT。

16.3.1　IN 参数

重构 13.2.1 节示例，代码如下。

视频讲解

```
-- 代码文件：chapter16/16.3.1 IN参数.sql
-- IN 参数

CREATE OR REPLACE PROCEDURE sp_find_emps_by_dname(P_dname IN VARCHAR) IS          ①

-- 声明变量
   v_deptno INT;
   my_ename VARCHAR(10);
   my_empno INT;
   CURSOR c_emp IS
   SELECT
       ename,
       empno
   FROM
       emp
   WHERE
       deptno = v_deptno;                                                        ②

BEGIN

---- 从 dept 表查询 deptno 字段,数据赋值给 V_deptno 变量
   SELECT
       deptno
   INTO v_deptno
   FROM
       dept
   WHERE
```

```
            dname = P_dname;

  --打开游标
        OPEN c_emp;
        LOOP

  --提取游标
        FETCH c_emp INTO
            my_ename,
            my_empno;
  --如果没有记录,退出循环
        EXIT WHEN c_emp%notfound;
        dbms_output.put_line('员工姓名: '
                        || my_ename
                        || '编号: '
                        || my_empno);
        END LOOP;

  --  关闭游标
        CLOSE c_emp;
  END;
```

代码①定义存储过程，其中 P_dname text 参数是 IN 类型参数。代码②将 IN 参数 P_dname text 作为条件查询部门编号。

调用存储过程查询 ACCOUNTING（财务部）所有员工的代码如下。

```
EXEC  sp_find_emps_by_dname('ACCOUNTING');
```

在 Oracle SQL Developer 工具中的执行结果如图 16-6 所示。

图 16-6 查询财务部员工

16.3.2　OUT 参数

重构 13.3.2 节示例，实现代码如下。

```
-- 代码文件：chapter16/16.3.2.sql
-- OUT 参数

-- 通过部门名称查询
CREATE OR REPLACE PROCEDURE sp_find_emp(P_name OUT VARCHAR)          ①
AS

BEGIN

-- 查询 EMP 表中资格最老的员工
SELECT ename INTO P_name                                            ②
FROM EMP
WHERE HIREDATE = (
    SELECT MIN(HIREDATE)
    FROM EMP);me                                                   ③

END;
```

代码①创建存储过程，其中 P_name text 是 OUT 参数，代码②和代码③通过一个子查询查询资格最老的员工，并把员工名赋值给输出参数 P_name。

执行上述代码创建存储过程，调用代码如下。

```
-- 调用代码
DECLARE
P_name VARCHAR(10):='';                                            ①
BEGIN
sp_find_emp(P_name);
select @P_name;                                                    ②
dbms_output.put_line(P_name);
END;
```

调用存储过程中如果有 OUT 参数，则需要声明匿名代码块，然后在代码块中声明一个变量用来接收传出的数据，见代码①，注意此时不再使用 CALL 或 EXEC 语句调用，见代码②。

在 Oracle SQL Developer 工具中执行调用代码，结果如图 16-7 所示，可见输出的结果是 SMITH。

16.3.3　IN OUT 参数

重构 13.3.3 节累加器示例，实现代码如下。

```
-- 代码文件：chapter16/16.3.3 IN OUT 参数.sql
-- IN OUT 参数

-- 创建存储过程
CREATE OR REPLACE PROCEDURE setcounter (                           ①
    counter IN OUT INT,                                            ②
```

```
    inc      IN INT
) AS
BEGIN
    counter := counter + inc;
END;
```

代码①创建 SetCounter 存储过程，代码②声明 counter 参数为 IN OUT 类型。

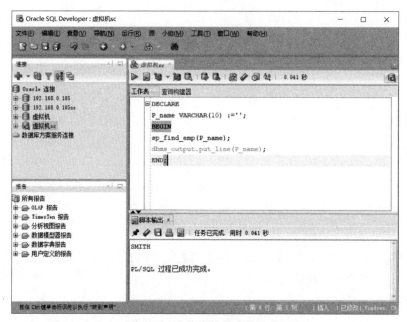

图 16-7　查询资格最老的员工

执行上述代码创建存储过程，调用代码如下。

```
-- 调用代码

SET SERVEROUTPUT ON

DECLARE
counter INT:=1;                                                    ①
BEGIN
SetCounter(counter,1);  -- 2                                       ②
SetCounter(counter,1);  -- 3
SetCounter(counter,5);  -- 8                                       ③

--输出结果
dbms_output.put_line(counter);                                    ④

END;
```

调用代码是在匿名代码块中实现的，其中代码①声明变量 counter，并初始化为 1。调用了 3 次 SetCounter 存储过程，代码④打印 counter 变量。

在 Oracle SQL Developer 工具中执行调用代码，结果如图 16-8 所示。

图 16-8　累加器执行结果

16.4　存储函数

Oracle 中也可以创建存储函数。

16.4.1　创建存储函数

Oracle 也是使用 CREATE FUNCTION 语句创建存储函数。重构 13.4.1 节示例，代码如下。

视频讲解

```sql
-- 代码文件：chapter16/16.4.1.sql
-- 创建存储函数
-- 通过部门名称查询
CREATE OR REPLACE FUNCTION  fn_find_emp                              ①

RETURN VARCHAR                                                      ②
AS
--声明代码块
V_name VARCHAR(10);                                                 ③
BEGIN
-- 查询 EMP 表中资格最老的员工
SELECT ename INTO V_name                                            ④
FROM EMP
WHERE HIREDATE = (
    SELECT MIN(HIREDATE)
    FROM EMP);                                                     ⑤

-- 函数返回数据
    RETURN  V_name;                                                ⑥

END;
```

代码①创建存储函数 fn_find_emp，该函数没有参数，所以不带小括号。代码②声明函数返回值类型为 VARCHAR，注意这里的 VARCHAR 不需要指定字符串长度，RETURN 是关键字。代码③声明局部变量 V_name 为 VARCHAR 类型，注意这里需要指定字符串的长度。代码④和代码⑤从 EMP 表中查询资格最老的员工并赋值给 V_name 变量。代码⑥通过 RETURN 语句结束函数，并将函数的计算结果返回给调用者。

16.4.2 调用存储函数

只要权限允许，可以在任何地方调用存储函数。以下代码用于测试调用 fn_find_emp 函数。

```
-- 代码文件：chapter16/16.4.2.sql
-- 调用存储函数

SET SERVEROUTPUT ON

DECLARE
ename VARCHAR(10):='';                                          ①
BEGIN
--调用函数
ename := fn_find_emp();                                         ②

--输出结果
dbms_output.put_line(ename);

END;
```

代码①声明 ename 变量，代码②调用函数，并把结果赋值给 ename 变量。在 Oracle SQL Developer 工具中执行调用代码，结果如图 16-9 所示。

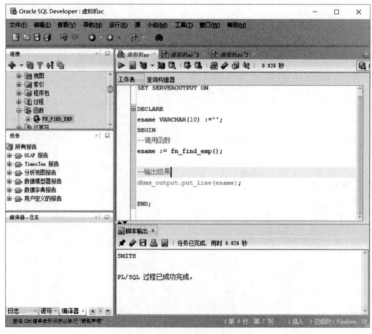

图 16-9　调用存储函数

16.4.3　删除存储函数

删除存储函数的语句也是 DROP FUNCTION，代码如下。

```
DROP FUNCTION fn_find_emp;
```

如果加上用户名限定，代码如下。

```
DROP FUNCTION c##scott.fn_find_emp;
```

本章小结

本章主要介绍 Oracle 数据库开发，包括匿名代码块、存储过程和存储函数。

第 4 篇 从数据库设计到项目实战

本篇包括两章内容，重点介绍数据库设计以及一个实战项目的数据库设计过程。

第 17 章

数据库设计

无论你在系统开发中处于什么角色，都应该了解数据库设计。看懂 E-R 图是非常必要的，如果你是数据库设计或管理人员，还应该能够绘制 E-R 图。本章介绍数据库设计的方法和步骤。

17.1 数据库设计与 E-R 图

数据库设计通常采用 E-R 方法（Entity-Relationship Approach），即实体–关系方法，这种方法通过 E-R 图表示实体及其关系，E-R 方法现在已经广泛用于数据库设计中。

17.1.1 E-R 图中的各种符号

E-R 图最早由 Peter Chen 提出，它由实体、属性和关系 3 种基本要素组成，分别采用不同的符号表示，下面对这些要素分别加以说明。

视频讲解

1. 实体

实体是现实世界中存在的人、事或物，它们是名词。图 17-1 所示为一个简单的 E-R 图，其中实体用矩形表示，商品和客户都是实体。一个实体集合对应于数据库中的表，一个实体则对应表的一行数据，也就是一条记录。

2. 属性

属性表示实体或关系的某种特征。在 E-R 图中，属性用椭圆表示，并用连线与实体连接起来，一个属性对应表中的一列，也就是字段。如图 17-1 所示，名称、库存和编号都是商品属性。

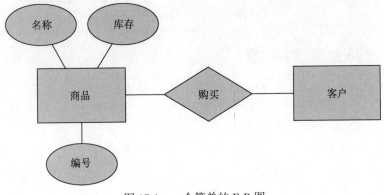

图 17-1　一个简单的 E-R 图

3. 联系

实体之间存在联系，它一般是动词。在 E-R 图中，联系用菱形表示，并用线与实体连接起来。图 17-1 中的购买就是联系。

实体联系有 4 种类型。

（1）一对一（one-to-one），记为 $1:1$。例如，一个人只持有一本护照，而一本护照只发放给一个人，如图 17-2 所示。

图 17-2　一对一联系

（2）一对多（one-to-many），记为 $1:m$ 或 $1:n$。例如，一个客户可以下很多订单，但一个订单不能对应很多客户，如图 17-3 所示。

图 17-3　一对多联系

（3）多对一（many-to-one），记为 $n:1$ 或 $m:1$。例如，许多学生可以在一所大学学习，但一个学生不能同时在多所大学学习，如图 17-4 所示。

图 17-4　多对一联系

（4）多对多（many-to-many），记为 $n:m$ 或 $m:n$。例如，一个学生可以选修许多门课程，一门课程也可以被多个学生选修，如图 17-5 所示。

图 17-5　多对多联系

视频讲解

17.1.2　实例：网上商城 E-R 图

下面通过实例熟悉一下 E-R 图，图 17-6 所示为一个网上商城 E-R 图，其中有 4 个实体和 3 个联系。4 个实体如下。

（1）客户（编号、名称、电话、电子邮件）；

（2）订单（编号、订购时间、支付金额）；

（3）订单明细（编号、订购数量）；

（4）商品（编号、名称、单价、库存、生产日期、商品类别）。

3 个联系如下。

（1）"客户拥有订单"联系。这是一个一对多联系，即一个客户可以拥有多个订单，每个订单仅属于一个客户，这种一对多联系在数据库设计时被设计为外键关联，即订单表中会有一个客户编号的外键，它关联到客户表的客户编号。

（2）"订单包含订单明细"联系。这也是一个一对多联系，即一个订单中包含多个明细，一个订单明细而只属于一个订单。

（3）"商品出现在订单明细"联系。这也是一个一对多联系，即一个商品可以出现在多个订单明细中，实际设计时订单明细表会通过一个外键关联到商品表。

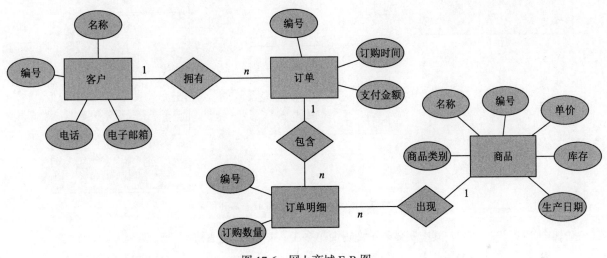

图 17-6　网上商城 E-R 图

17.1.3　E-R 图鱼尾纹表示法

E-R 图发展到今天，曾经出现过很多表示法，Peter Chen 提出的 E-R 图称为 Chen's 表示法，也就是"陈氏表示法"。从图 17-6 的 E-R 图可见，陈氏表示法过于简单，表现力也不强，很多细节表现不够，而且如果实体属性很多，那么 E-R 图就变成了一只大"刺猬"。

所以，E-R 图除了陈氏表示法外，还有 Crow's Foot（鱼尾纹）表示法。鱼尾纹表示法特点如下。

（1）实体还是使用矩形框表示，但分为上、下两部分，上半部分是实体名，下半部分是实体属性。

（2）实体和实体的连接线两端使用鱼尾纹表示，它能更详细地说明联系间实体的数量。

鱼尾纹表示法中表示实体连接线端的鱼尾纹或乌鸦脚的形状表示关联的实体数量，如表 17-1 所示。

表 17-1　鱼尾纹表示法符号

符　　号	说　　明
⟩○—	0或多个
⟩├—	1或多个
─┼┼─	有且只有1个
─┼○─	0或1个

那么，采用鱼尾纹表示法重新绘制网上商城 E-R 图，如图 17-7 所示。

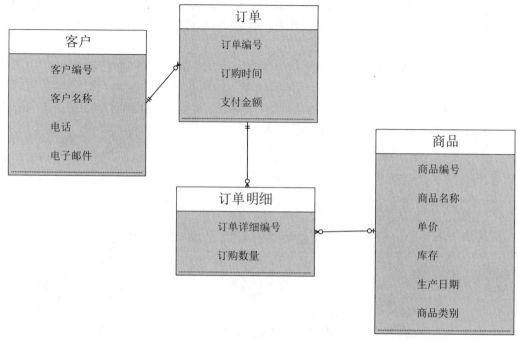

图 17-7 网上商城鱼尾纹表示法 E-R 图

对比图 17-6 和图 17-7，其中实体表示变得简单多了，4 个联系也更加清晰。

17.2 数据建模过程

设计数据库就是对现实世界进行分析、抽象并从中找出内在联系的过程，这个过程称为数据建模。

数据建模过程分为 3 个不同的阶段：概念模型阶段、逻辑模型阶段、物理模型阶段。

从概念模型开始，到逻辑模型，再到物理模型，是从初级到高级的逐步递进过程，各阶段的目的不同，数据库设计不是一蹴而就的，而是一个迭代过程。

17.2.1 概念模型设计

视频讲解

概念模型定义了系统包含的内容。该模型通常由业务利益相关者（包括最终用户、开发人员等）和数据库系统架构师创建，目的是明确业务规则，了解用户需求。

概念模型设计只是一个"初稿"，用于反复讨论和迭代，因此，概念模型不需要关心实体的细节，如实体属性类型，以及数据类型和长度等细节；更不需要考虑该模型未来是构建在哪一种数据库上。

由于陈氏表示法 E-R 图比较简单，不关心细节，所以陈氏表示法 E-R 图非常适合表示概念建模结果。

概念模型特点总结如下。

（1）独立于数据库系统。

（2）不关注细节。

（3）采用陈氏表示法 E-R 图展示设计结果。

17.2.2　逻辑模型设计

视频讲解

逻辑模型设计的任务就是把概念模型转换为关系模型。从逻辑模型之后应该将"实体"称为"表",将实体属性称为"字段"或"列"。

逻辑模型特点总结如下。

（1）独立于数据库系统。

（2）采用鱼尾纹表示法 E-R 图展示设计结果。

（3）对数据库设计进行范式化过程,通常应用 3NF。有关数据库范式化和 3NF,将在 17.4 节详细介绍。

17.2.3　物理模型设计

视频讲解

物理模型描述系统将如何使用特定的数据库系统实现,此模型通常由数据库管理员和开发人员创建,在具体数据库上实现设计。

为了能够通过物理模型创建数据库,需要将逻辑模型中所有内容进行细化,包括表和表字段细节（字段类型、精度和长度等）。为了保证满足系统需求,物理模型往往还要提供除了表以外的数据库对象,如视图、索引、存储过程和函数等。

物理模型特点总结如下。

（1）使用特定的数据库系统实现。

（2）细化所有设计元素,直到能够在特定数据库系统上建立数据库对象。

（3）采用鱼尾纹表示法 E-R 图展示设计结果。

17.3　建模工具

设计工具非常重要,那么数据库建模有哪些好的工具呢？数据库建模工具有很多,下面介绍两种建模工具。

17.3.1　PowerDesigner 建模

视频讲解

PowerDesigner 是 Sybase 公司的工具集,它几乎包括了数据库建模的全过程。PowerDesigner 可以创建概念模型、逻辑模型和物理模型,而且可以互相转换。另外,使用 PowerDesigner 可以实现正向工程（从模型生成数据库）和逆向工程（从数据库生成模型）。

图 17-8 所示为使用 PowerDesigner 绘制的网上商城概念模型,图 17-9 所示为使用 PowerDesigner 绘制的网上商城逻辑模型。比较 PowerDesigner 绘制的概念模型和逻辑模型,差别不大。图 17-10 所示为使用 PowerDesigner 绘制的基于 Oracle 数据库的网上商城物理模型,在概念模型中两个实体联系转换为物理模型后变成了两个表的外键关联。例如,图 17-9 中 Relationship_1 是客户和订单两个实体之间联系,是一对多联系,转换为物理模型则变成了外键关联,即订单表中"客户编号"字段外键关联到客户表中的"客户编号"字段。类似的还有 Relationship_2 和 Relationship_3,这里不再赘述。

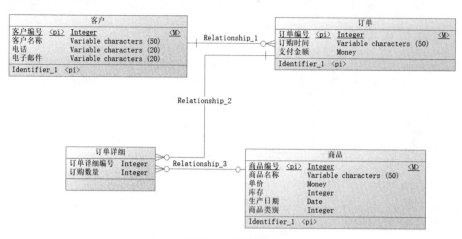

图 17-8　概念模型

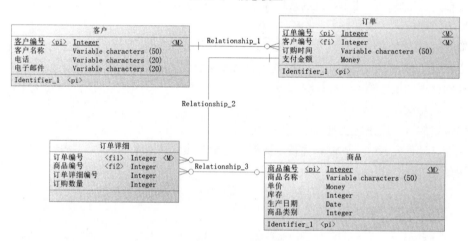

图 17-9　逻辑模型

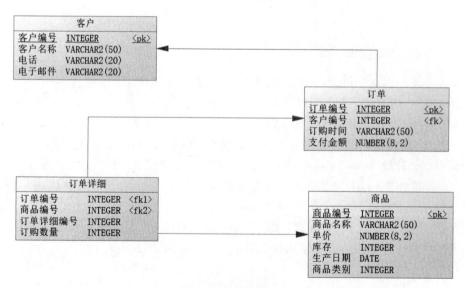

图 17-10　物理模型

17.3.2 MySQL Workbench 建模

MySQL Workbench 工具在第 11 章已经使用过了，主要使用该工具管理数据库，事实上它还可以对数据库建模，而且完全免费。下面详细介绍该工具建模功能的使用。

1. 进入建模功能

启动 MySQL Workbench，进入如图 17-11 所示的欢迎页面。之前使用 Workbench 都只是使用它的数据库功能，如果要使用它的建模功能，则需要单击模型导航按钮，进入如图 17-12 所示的建模功能界面。

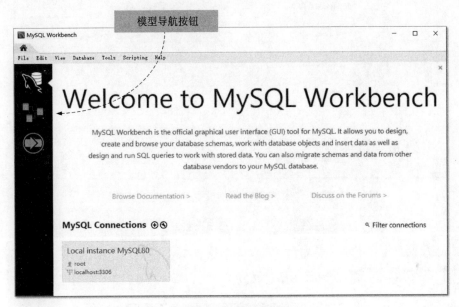

图 17-11　欢迎页面

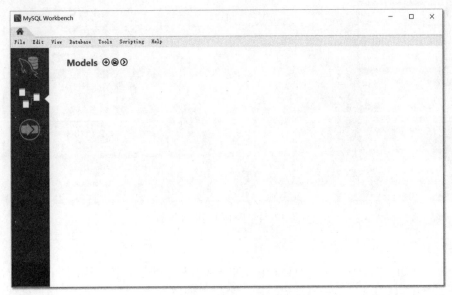

图 17-12　建模功能界面

单击⊕按钮，进入如图 17-13 所示的添加模型界面，然后单击 Add Diagram 按钮添加 E-R 模型，进入如图 17-14 所示的 E-R 模型设计界面。

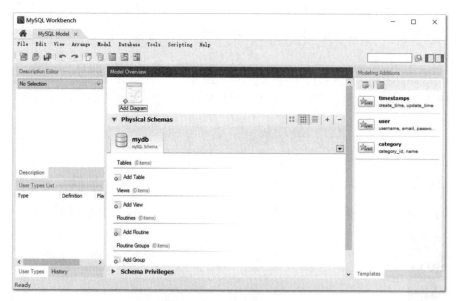

图 17-13　添加模型界面

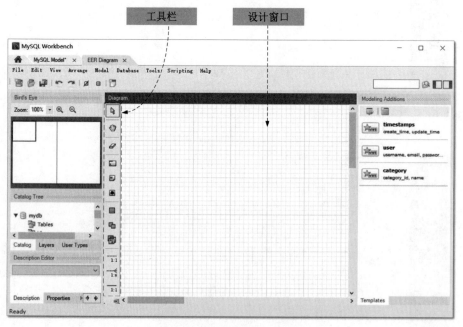

图 17-14　E-R 模型设计界面

2．添加表

要创建 E-R 图，首先需要添加表，具体过程是单击工具栏中的 ▦ 按钮，再在设计窗口合适位置单击，则会添加表，如图 17-15 所示。双击刚创建的表，进入如图 17-16 所示的编辑表界面，可以根据自己的需要修改表名。

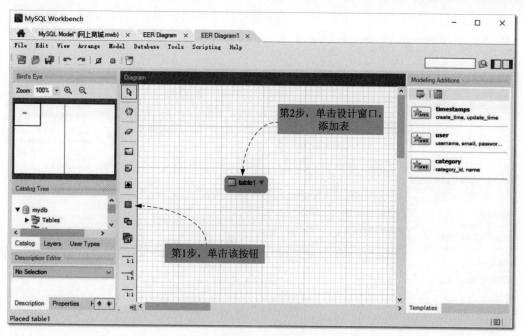

图 17-15　添加表

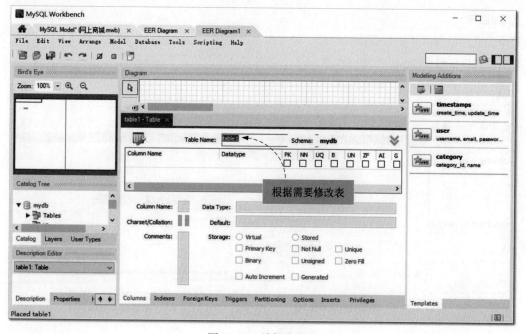

图 17-16　编辑表界面

3. 添加字段

如图 17-17 所示，在编辑表界面中双击 Colum Name 下方区域，在此可以进行创建字段、指定字段类型等操作，重复此步骤可以添加多个字段。

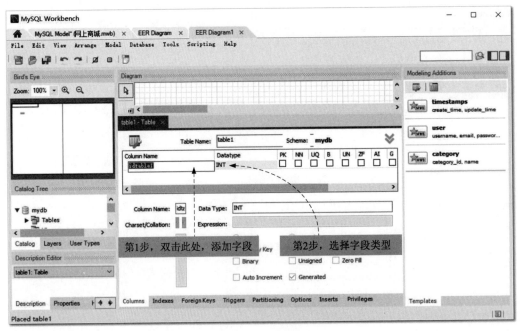

图 17-17　添加字段

4．添加联系

在两个表之间添加联系的过程比较麻烦，如果想在客户表（Customers）和订单表（Orders）之间添加一对多联系，可以通过图 17-18 所示的步骤实现。添加成功后，如图 17-19 所示。

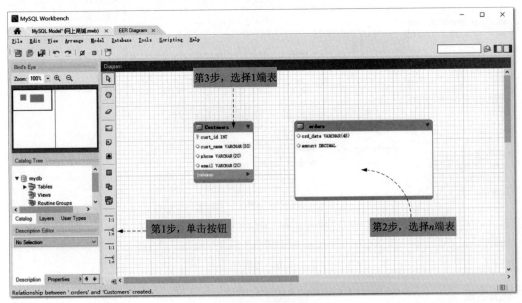

图 17-18　添加联系

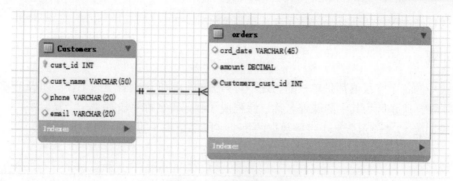

图 17-19　添加联系成功

添加另外 3 个联系，设计完成的 E-R 图如图 17-20 所示。

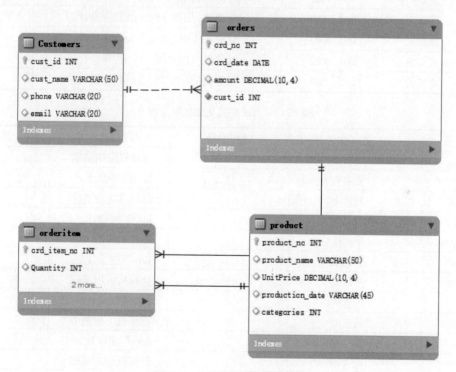

图 17-20　设计完成的 E-R 图

17.4　数据库设计范式

在 17.2.2 节介绍逻辑模型设计时提到过数据库范式化。本节就详细介绍数据库设计范式。

设计关系数据库时，为了保证数据的完整性，消除冗余（无用或重复）数据，则要遵循一定的规范，这些设计规范就是数据库设计范式（Normal Form，NF）。设计范式有很多，通常的数据库设计一般遵循前 3 个 NF 就可以了，即第 1 范式（1NF）、第 2 范式（2NF）和第 3 范式（3NF），这 3 个范式的等级有高低之分，其中 3NF 最高，2NF 次之，1NF 最低。在 1NF 的基础上又满足某些特性才能达到 2NF 的要求；在 2NF 的基础上再满足一些特性才能达到 3NF 的要求。经验表明，如果将这 3 个范式运用于数据库设计中，就能够简化数据库的设计过程并达到减少数据冗余、提高查询效率的目的。

视频讲解

17.4.1　1NF

如果一个表中的每个字段值都是**单一的，是不可再分的**，则称这个表遵循 1NF。如表 17-2 所示，该学生表没有遵循 1NF，这是因为其中的课程名称、课程成绩和课程名称字段都是一个复合字段。经过 1NF 范式化后的学生表如表 17-3 所示，其中每条数据的每个字段都是单一的，不可以再分的。

表 17-2　学生表

学　　生	姓　　名	课程编号	课程名称	课程成绩
2001001	吴小亮	001、002	计算机应用基础、Java程序设计	76、81
2001002	刘京生	001、002	计算机应用基础、Java程序设计	93、78
2001003	李向明	001、002	计算机应用基础、Java程序设计	82、76
2001006	张哲夫	001、002	计算机应用基础、Java程序设计	89、90
2001005	黄　威	001、002	计算机应用基础、Java程序设计	83、86
2001006	高大山	001、002	计算机应用基础、Java程序设计	78、81

表 17-3　1NF范式化后的学生表

学　　号	姓　　名	课程编号	课程名称	课程成绩
2001001	吴小亮	1	计算机应用基础	76
2001001	吴小亮	2	Java程序设计	81
2001002	刘京生	1	计算机应用基础	93
2001002	刘京生	2	Java程序设计	78
2001003	李向明	1	计算机应用基础	82
2001003	李向明	2	Java程序设计	76
2001006	张哲夫	1	计算机应用基础	89
2001006	张哲夫	2	Java程序设计	90
2001005	黄　威	1	计算机应用基础	83
2001005	黄　威	2	Java程序设计	86
2001006	高大山	1	计算机应用基础	78
2001006	高大山	2	Java程序设计	81

视频讲解

17.4.2　2NF

2NF 仅用于以两个或多个字段的组合作为数据库表主键的场合，表中的**所有非主键字段必然完全依赖于这个主键字段**，而不是只依赖于构成主键的个别字段（称为"部分依赖"）。当一个数据库表遵循 2NF 时，就意味着只要主键值相同，其他所有非主键字段值也必然相同。

表 17-4 所示为成绩表，存储学生的各门课程成绩，该表以学号和课程编号两个字段的组合作为主键，则由于该表中的课程名称非主键字段仅依赖于主键中的课程编号字段，所以该表不满足 2NF 的要求，此时同一个课程名称在表中重复出现多次，造成数据冗余。针对这种情况，可以对成绩表进行拆分，由此得到成绩表（见表 17-5）和课程表（见表 17-6）两个表。

表 17-4 成绩表

学 号	课程编号	课程名称	课程成绩
2001001	1	计算机应用基础	76
2001001	2	Java程序设计	81
2001002	1	计算机应用基础	93
2001002	2	Java程序设计	78
2001003	1	计算机应用基础	82
2001003	2	Java程序设计	76
2001006	1	计算机应用基础	89
2001006	2	Java程序设计	90
2001005	1	计算机应用基础	83
2001005	2	Java程序设计	86
2001006	1	计算机应用基础	78
2001006	2	Java程序设计	81

表 17-5 成绩表（拆分）

学 号	课程编号	课程成绩
2001001	1	76
2001001	2	81
2001002	1	93
2001002	2	78
2001003	1	82
2001003	2	76
2001006	1	89
2001006	2	90
2001005	1	83
2001005	2	86
2001006	1	78
2001006	2	81

表 17-6 课程表

课程编号	课程名称
1	计算机应用基础
2	Java程序设计
3	C语言程序设计
4	数据库应用基础
5	Python程序设计
6	计算机网络技术

17.4.3　3NF

如果一个数据库表遵循 2NF 范式，而且该表中的**每个非主键字段不传递依赖于主键**，则称这个数据库表遵循 3NF 范式。

传递依赖是什么意思呢？假设一个表中有 A、B、C 3 个字段，如果字段 B 依赖于字段 A，字段 C 又依赖于字段 B，则称字段 C 传递依赖于字段 A，并称在该表中存在传递依赖关系。

现有产品供应商表，如图 17-21 所示，包含 ID、名称、账号、银行编号和银行 5 个字段，其中 ID 字段是主键，由于供应商的名称和账号依赖于 ID，而银行依赖于银行编号，这样一来，银行依赖于 ID，这就是传递依赖，因此图 17-21 所示的产品供应商表不遵循 3NF。读者可以试想一下，银行怎么可能依赖于具体的产品供应商呢？这也不符合实际的业务规则。

图 17-21　产品供应商表

为了遵循 3NF 范式，则需要将产品供应商表拆分为两个表，如图 17-22 所示。

图 17-22　拆分为两个表

本章小结

本章主要介绍数据库设计，包括 E-R 图、数据建模过程、建模工具，最后介绍数据库设计范式。其中 E-R 图是学习的重点，读者也应该熟悉数据建模过程，了解数据库设计范式。

第 18 章

项目实战："PetStore 宠物商店"项目数据库设计

学习过笔者的《Java 从小白到大牛》或《Python 从小白到大牛》的读者都知道其中的 "PetStore 宠物商店"项目。本章将详细介绍 "PetStore 宠物商店"项目数据库设计。

18.1 系统分析

本节对 "PetStore 宠物商店"项目进行分析和设计。

视频讲解

18.1.1 项目概述

PetStore 是 Sun 公司（已经被甲骨文公司收购）为了演示自己的 Java EE 技术而编写的一个基于 Web 的宠物店项目。图 18-1 所示为项目启动页面，项目介绍网站是 http://www.oracle.com/technetwork/java/index-136650.html。PetStore 是典型的电子商务项目，是现在很多电商平台的雏形。技术方面，主要采用 Java EE 技术，用户界面采用 Java Web 技术实现。本书只讨论该项目的数据库设计过程。

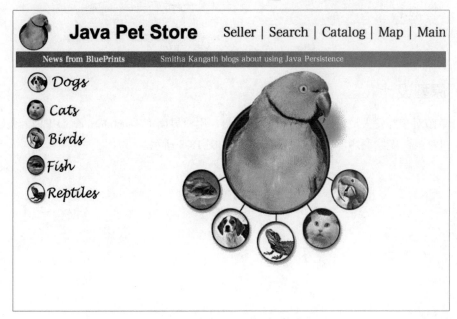

图 18-1　PetStore 项目启动页面

18.1.2 需求分析

"PetStore 宠物商店"项目主要功能如下。

（1）用户登录。

（2）查询商品。

（3）添加商品到购物车。

（4）查看购物车。

（5）下订单。

（6）查看订单。

采用用例分析方法，PetStore 宠物商店用例图如图 18-2 所示。

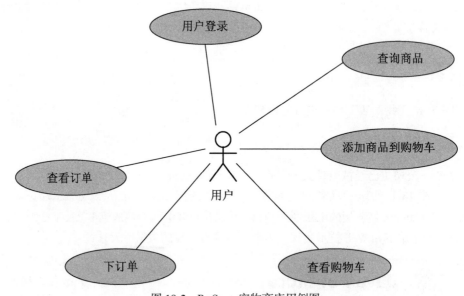

图 18-2　PetStore 宠物商店用例图

18.1.3 原型设计

原型设计草图对于开发人员、设计人员、测试人员、用户界面（User Interface，UI）设计人员以及用户都非常重要，"PetStore 宠物商店"项目原型设计草图如图 18-3 所示。

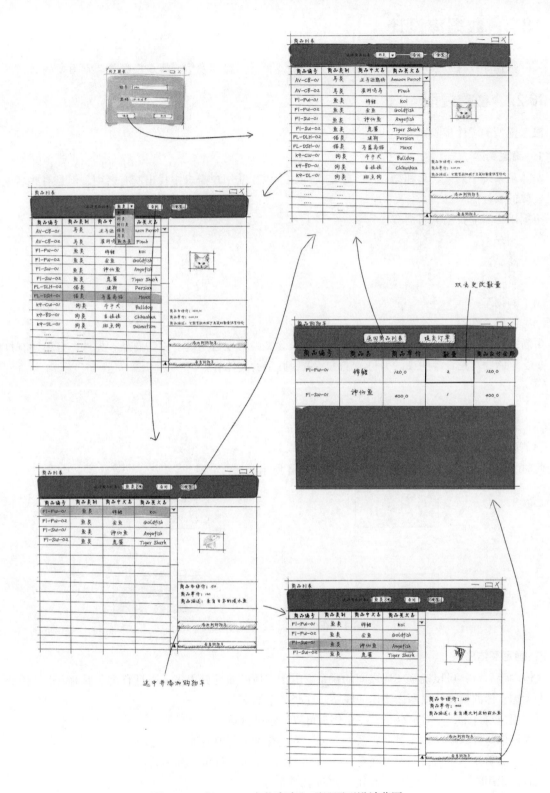

图 18-3 "PetStore 宠物商店"项目原型设计草图

18.2 数据库设计

实际数据库设计过程中，可以先设计概念模型，再设计物理模型。概念模型是非常重要的。

视频讲解

18.2.1 概念模型

概念模型的设计步骤如下。

1. 确定实体

实体是系统中的人、事和物，这些都是名词，所以先从用户需求中找出所有名词，但是有些名词也可能是实体的属性。

根据用户需求找出的名词有：

（1）用户；

（2）商品；

（3）宠物；

（4）购物车；

（5）订单。

重新审视这些名词，其中商品和宠物是同一个含义，本项目中统一称为商品；另外，订单还有订单明细，事实上购物车是订单明细的另一种说法，最后确定的实体有：

（1）用户；

（2）商品；

（3）订单；

（4）订单明细。

此时，采用陈氏表示法绘制的 E-R 图如图 18-4 所示。

图 18-4　陈氏表示法绘制的 E-R 图（1）

2. 确定实体联系

实体确定后，就可以确定实体之间的联系。由于实体的属性有很多，而且有很多不确定性，因此，可以先不考虑实体的属性，只考虑实体的联系，这些联系如下。

（1）用户与订单，一对多联系，一个用户可以下多个订单。

（2）订单与订单明细，一对多联系，一个订单包含多个订单明细。

（3）商品与订单明细，一对多联系，一个商品出现在多个订单明细中。

此时，采用陈氏表示法绘制的 E-R 图如图 18-5 所示。

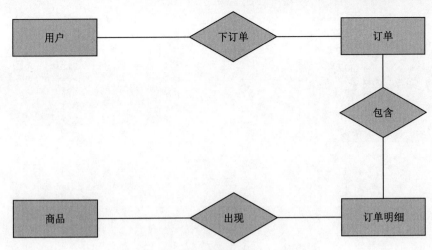

图 18-5 陈氏表示法绘制的 E-R 图（2）

最后，使用 PowerDesigner 绘制概念模型，如图 18-6 所示。

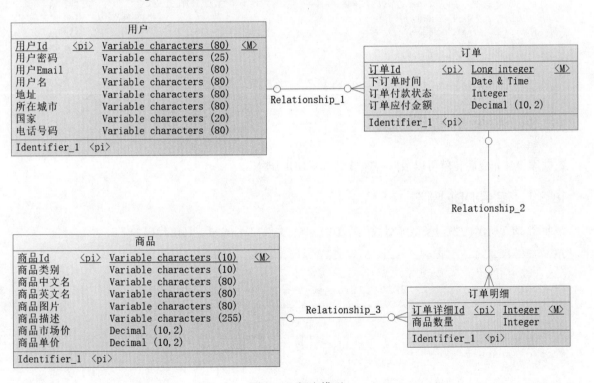

图 18-6 概念模型

18.2.2 物理模型

将概念模型转换为物理模型时，首先需要确定选择哪种数据库系统，本书的"PetStore 宠物商店"项目选择的数据库是 MySQL 8.0。使用 PowerDesigner 绘制物理模型，如图 18-7 所示。

视频讲解

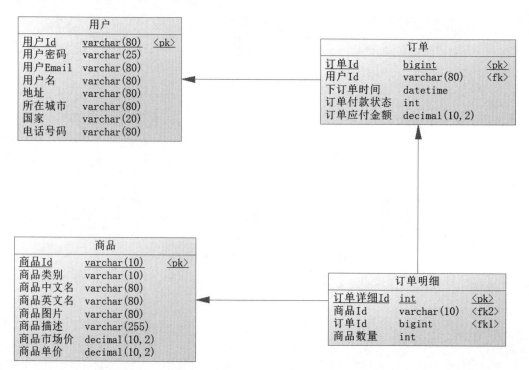

图 18-7　物理模型

18.3　数据库实现

数据库设计完成后，就可以根据物理模型编写 DDL 脚本。

视频讲解

18.3.1　编写 DDL 脚本

按照图 18-7 所示的物理模型编写数据库 DDL 脚本文件 crebas.sql，具体代码如下。

```
/*=============================================*/
/* DBMS name:      MySQL 8.0                    */
/* Created on:     2022/3/29 17:16:44          */
/*=============================================*/

-- 删除 petstore 数据库
drop database petstore;

-- 创建 petstore 数据库
create database petstore;

-- 选择 petstore 数据库
use petstore;



/*=============================================*/
/* Table: accounts                             */
```

```
/*==========================================*/
create table accounts
(
   userid              varchar(80) not null comment '用户 Id',
   password            varchar(25) comment '用户密码',
   email               varchar(80) comment '用户 Email',
   name                varchar(80) comment '用户名',
   addr                varchar(80) comment '地址',
   city                varchar(80) comment '所在城市',
   country             varchar(20) comment '国家',
   phone               varchar(80) comment '电话号码',
   primary key(userid)
);

alter table accounts comment '用户表';

/*==========================================*/
/* Table: orders                            */
/*==========================================*/
create table orders
(
   orderid             bigint not null comment '订单 Id',
   用户 Id             varchar(80) comment '下订单的用户 Id',
   orderdate           datetime comment '下订单时间',
   status              int comment '订单付款状态，0 待付款  1 已付款',
   amount              decimal(10,2) comment '订单应付金额',
   primary key(orderid)
);

alter table orders comment '订单表';

/*==========================================*/
/* Table: ordersdetails                     */
/*==========================================*/
create table ordersdetails
(
   ordersdetailId      int not null auto_increment comment '订单明细',
   商品 Id             varchar(10),
   订单 Id             bigint,
   quantity            int comment '商品数量',
   primary key(ordersdetailId)
);

alter table ordersdetails comment '订单明细';

/*==========================================*/
/* Table: products                          */
/*==========================================*/
create table products
```

①

```
(
    productid               varchar(10) not null comment '商品Id',
    category                varchar(10) comment '商品类别',
    cname                   varchar(80) comment '商品中文名',
    ename                   varchar(80) comment '商品英文名',
    image                   varchar(80) comment '商品图片',
    descn                   varchar(255) comment '商品描述',
    listprice               decimal(10,2) comment '商品市场价',
    unitcost                decimal(10,2) comment '商品单价',
    primary key(productid)
);

alter table products comment '商品表';

alter table orders add constraint FK_Relationship_1 foreign key (用户Id)
    references accounts (userid) on delete restrict on update restrict;

alter table ordersdetails add constraint FK_Relationship_2 foreign key (订单Id)
    references orders (orderid) on delete restrict on update restrict;

alter table ordersdetails add constraint FK_Relationship_3 foreign key (商品Id)
    references products (productid) on delete restrict on update restrict;

/* 创建数据库 */
CREATE DATABASE  IF NOT EXISTS petstore;

use petstore;

/* 用户表 */
CREATE TABLE IF NOT EXISTS account (
    userid varchar(80) not null,      /* 用户Id */
    password varchar(25)  not null,   /* 用户密码 */
    email varchar(80) not null,       /* 用户Email */
    name varchar(80) not null,        /* 用户名 */
    addr varchar(80) not null,        /* 地址 */
    city varchar(80) not  null,       /* 所在城市 */
    country varchar(20) not null,     /* 国家 */
    phone varchar(80) not null,       /* 电话号码 */
PRIMARY KEY(userid));

/* 商品表 */
CREATE TABLE IF NOT EXISTS product (
    productid varchar(10) not null,   /* 商品Id */
    category varchar(10) not null,    /* 商品类别 */
    cname varchar(80) null,           /* 商品中文名 */
    ename varchar(80) null,           /* 商品英文名 */
    image varchar(20) null,           /* 商品图片 */
```

```
    descn varchar(255) null,          /* 商品描述 */
    listprice decimal(10,2) null,     /* 商品市场价 */
    unitcost decimal(10,2) null,      /* 商品单价 */
PRIMARY KEY(productid));

/* 订单表 */
CREATE TABLE IF NOT EXISTS orders (
    orderid bigint not null,          /* 订单 Id */
    userid varchar(80) not null,      /* 下订单的用户 Id */
    orderdate datetime not null,      /* 下订单时间 */
    status int not null default 0,    /* 订单付款状态  0 待付款  1 已付款 */
    amount decimal(10,2) not null,    /* 订单应付金额 */
PRIMARY KEY(orderid));

/* 订单明细表 */
CREATE TABLE IF NOT EXISTS ordersdetail (
    orderid bigint not null,          /* 订单 Id */
    productid varchar(10) not null,   /* 商品 Id */
    quantity int not null,            /* 商品数量 */
    unitcost decimal(10,2) null,      /* 商品单价 */
PRIMARY KEY(orderid, productid));
```

代码①的 comment 语句是注释，等同于"--"和"/*…*/"。其他 SQL 语句前面都已经介绍过，这里不再赘述。

18.3.2　构建数据库结构

根据 DDL 脚本文件，在数据库中构建数据库结构，读者可以使用 MySQL Workbench 工具或在终端窗口中执行脚本文件，命令如下。

```
mysql -h localhost -u root -p < crebas.sql
```

在终端窗口中执行脚本文件，如图 18-8 所示。

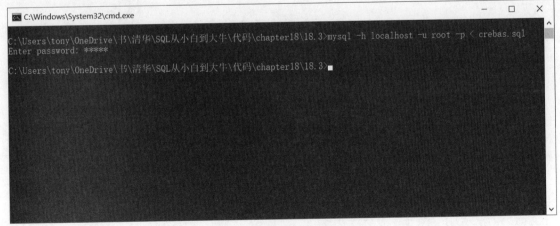

图 18-8　执行脚本文件（1）

登录数据库，查看 petstore 数据库是否创建成功，结果如图 18-9 所示。

```
选择命令提示符 - mysql -h localhost -u root -p                              —    □    ×

mysql> show databases;

 Database

 information_schema
 mysql
 performance_schema
 petstore
 sys

5 rows in set (0.00 sec)

mysql> show tables;

 Tables_in_petstore

 accounts
 orders
 ordersdetails
 products

4 rows in set (0.00 sec)

mysql>
```

图 18-9　测试数据库

18.3.3　初始化数据库

"PetStore 宠物商店"项目有一些初始的数据，这些初始数据在创建数据库之后插入。插入数据的语句
视频讲解　如下。

```
/*==============================================*/
/* DBMS name:      MySQL 8.0                     */
/* Created on:     2022/3/29 17:16:44            */
/*==============================================*/

use petstore;

/* 用户表数据 */
INSERT INTO accounts VALUES('j2ee','j2ee','yourname@yourdomain.com','关东升', '北京
丰台区', '北京', '中国',  '18811588888');
INSERT INTO accounts VALUES('ACID','ACID','acid@yourdomain.com','Tony', '901 San
Antonio Road', 'Palo Alto', 'USA',  '555-555-5555');

/* 商品表数据 */
INSERT INTO products VALUES('FI-SW-01','鱼类','神仙鱼', 'Angelfish', 'fish1.jpg',
'来自澳大利亚的咸水鱼', 650, 400);
INSERT INTO products VALUES('FI-SW-02','鱼类','虎鲨', 'Tiger Shark','fish4.gif',
'来自澳大利亚的咸水鱼', 850, 600);
INSERT INTO products VALUES('FI-FW-01','鱼类','锦鲤', 'Koi','fish3.gif', '来自日本淡
水鱼', 150, 120);
INSERT INTO products VALUES('FI-FW-02','鱼类','金鱼', 'Goldfish','fish2.gif', '来自
中国的淡水鱼', 150, 120);
INSERT INTO products VALUES('K9-BD-01','狗类','斗牛犬', 'Bulldog','dog2.gif', '来自
```

英国友好的伴侣犬', 1500, 1200);
INSERT INTO products VALUES('K9-PO-02','狗类','狮子狗', 'Poodle','dog6.gif', '来自法国可爱狗狗', 1250, 1000);
INSERT INTO products VALUES('K9-DL-01','狗类','斑点狗', 'Dalmation','dog5.gif', '有很多斑点的狗狗', 2150, 2000);
INSERT INTO products VALUES('K9-RT-01','狗类', '金毛猎犬', 'Golden Retriever', 'dog1.gif', '很好的伴侣犬', 3800, 3400);
INSERT INTO products VALUES('K9-RT-02','狗类', '拉布拉多犬','Labrador Retriever', 'dog5.gif', '很好的狩猎犬', 3600, 3020);
INSERT INTO products VALUES('K9-CW-01','狗类', '吉娃娃', 'Chihuahua','dog4.gif', '性格温顺的狗狗', 1500, 120);
INSERT INTO products VALUES('RP-SN-01','爬行类','响尾蛇', 'Rattlesnake', 'lizard3.gif','可怕且危险的动物', 150, 110);
INSERT INTO products VALUES('RP-LI-02','爬行类','鬣蜥蜴', 'Iguana','lizard2.gif', '可随环境及光线强弱改变体色', 1600, 1203);
INSERT INTO products VALUES('FL-DSH-01','猫类','马恩岛猫', 'Manx','cat3.gif', '它能有效地减少老鼠的数量很有好处', 2503, 2120);
INSERT INTO products VALUES('FL-DLH-02','猫类','波斯', 'Persian','cat1.gif', '非常好的家猫', 3150, 2620);
INSERT INTO products VALUES('AV-CB-01','鸟类','亚马逊鹦鹉', 'Amazon Parrot', 'bird4.gif', '寿命长达 75 年的大鸟', 3150, 3000);
INSERT INTO products VALUES('AV-SB-02','鸟类','雀科鸣鸟', 'Finch','bird1.gif', '会唱歌的鸟儿', 150, 110);

读者可以使用 MySQL Workbench 工具或在终端窗口中执行脚本文件，命令如下。

```
mysql -h localhost -u root -p < jpetstore-mysql-dataload-gbk.sql
```

在终端窗口中执行脚本文件，如图 18-10 所示。

图 18-10　执行脚本文件（2）

本章小结

本章主要介绍"PetStore 宠物商店"项目数据库设计过程，从需求分析开始，逐步进行数据库设计，这个过程包括概念建模和物理建模。建模完成后再编写 DDL 脚本，最后通过 DDL 脚本创建和初始化数据库。